Home decoration style

Chinese style

家居装饰风格 3000例

禅意中式

李江军 编

中国电力出版社
CHINA ELECTRIC POWER PRESS

内容提要

《家居装饰风格 3000 例》系列共四册，分别是国内目前应用最广的四类风格，即《现代简约》《禅意中式》《美式风格》《经典欧式》。书中从风格要素、材料运用、色彩美学、软装搭配四个方面进行了广泛而深入地剖析，3000 个图片案例帮助读者真正了解并区分每种风格的设计要点，然后将硬装特征和软装要素牢记在心，通过系统学习达到能力的提升，进而举一反三，融会贯通。

图书在版编目（CIP）数据

家居装饰风格3000例. 禅意中式 / 李江军编. -- 北京 : 中国电力出版社, 2019.1
ISBN 978-7-5198-2544-7

Ⅰ. ①家… Ⅱ. ①李… Ⅲ. ①住宅－室内装饰设计－图集 Ⅳ. ①TU241-64

中国版本图书馆CIP数据核字（2018）第243292号

出版发行：中国电力出版社
地　　址：北京市东城区北京站西街19号（邮政编码100005）
网　　址：http://www.cepp.sgcc.com.cn
责任编辑：曹　巍　（010-63412609）
责任校对：王小鹏　王海南
责任印制：杨晓东

印　　刷：北京盛通印刷股份有限公司
版　　次：2019年1月第一版
印　　次：2019年1月北京第一次印刷
开　　本：889毫米×1194毫米　16开本
印　　张：9
字　　数：271千字
定　　价：39.80元

人们的生活习惯及审美观点各不相同，装修也会跟随业主的偏好不同而有所差异。在设计越来越被重视并不断发展的今天，越来越多的装修风格被发展出来，每一种风格都有各自的特点和适合的人群，对于初次做装修的业主来说，首先围绕着他们的问题就是装修应该选什么风格。缘此，本书精选人气室内设计师最新家居案例，把代表当今设计界高水平的作品按当下流行的风格分门别类，方便读者检索查找。丛书共分为《现代简约》《禅意中式》《美式风格》《经典欧式》四个分册。

现代简约风格的特点是将设计的元素、色彩、照明、原材料简化到最少的程度，但对色彩、材料的质感要求很高。在当今的室内装饰中，现代简约风格是非常受欢迎的。因为简约的线条、着重功能的设计最能符合现代人的生活要求。而且简约风格并不是在家中简简单单地摆放家具，而是通过材质、线条、光影的变化呈现出空间质感。

禅意中式风格常给人以历史延续和地域文脉的感受，它使室内环境凸显了传统文化特征。但是中式风格并非完全意义上的复古明清，而是通过中国古典室内风格的特征，表达对清雅含蓄、端庄风华的东方式精神的追求。

美式风格非常重视生活的自然舒适性，充分显现出乡村的质朴特征，原木、藤编与铸铁材质都是美式乡村中常见的素材，经常使用于空间硬装、家具或灯饰上，在地面颜色上，多选用橡木色或者棕褐色，使用带有肌理感的复合地板。

经典欧式风格包括巴洛克风格、洛可可风格、简欧风格、新古典风格等。巴洛克风格色彩浓艳，装饰强烈；洛可可风格纤巧、华美、富丽；简欧风格显得清新自然；新古典风格传承了欧式古典风格的文化底蕴、历史美感及艺术气息，同时将繁复的装饰凝练得更为简洁典雅。

本书的特点是参考价值高，不仅对四个广受欢迎的设计风格进行了深度剖析，而且海量的最新案例可以直接作为设计师日常方案设计的借鉴。此外，本书的内容通俗易懂，摒弃了传统风格类图书诸多枯燥的理论，以图文形式给读者上了一堂颇具深度的装饰课。不仅可成为室内设计工作者的案头书，同时对装修业主选择适合自己的装修风格同样具有重要的参考和借鉴作用。

编　者

CONTENTS 目录

客厅

HOME 合 禅意中式

中式风格装修应顺应时代寻求突破

中式风格并不是一成不变的，在现代环境下如果不寻求突破就成了食古不化，所以在中式风格里可以适当地融入一些与时俱进的现代元素。比如现代材质、现代家居的设计理念、现代的造型元素。新元素的加入只是作为点缀，在不改变空间主体风格的情况下，让中式风格的家居空间显得更有生命力，而且更容易被现代人所接受。

大理石护墙板 ⊕ 装饰挂画

实木线条制作角花 ⊕ 木纹砖电视墙

大理石墙面 ⊕ 花砖波打线

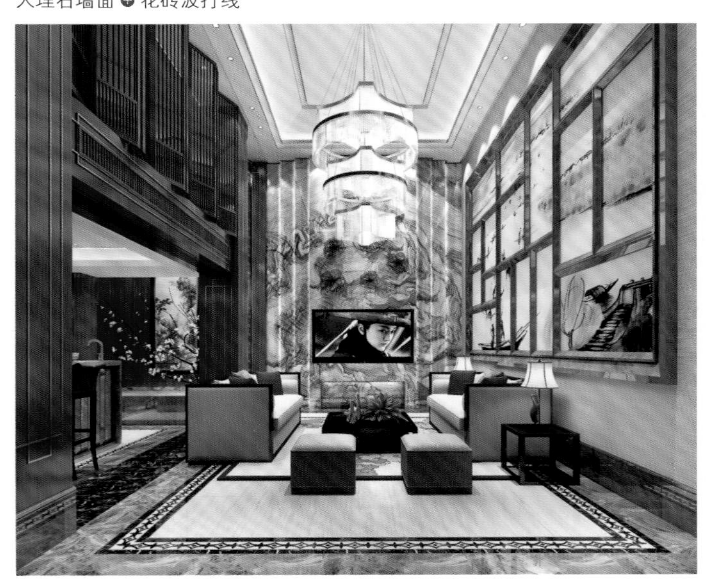

木饰面板 ⊕ 大理石电视墙

Design

对称中正的布局是中式风格最为常见的格局设计，不仅能加强空间的平衡感，还展现出了传统中式风格厚实沉稳的气质。此外，四平八稳的空间设计手法，表达了现代人对中国传统艺术和中国古典文化的喜爱。

Tips

对称的空间布局手法，营造出了稳重端庄、宁静雅致的居住空间氛围。另外，还可以利用软装饰品的点缀，在平稳的空间里制造出视觉亮点。

木格栅 ⊕ 微晶石电视墙 ⊕ 艺术壁画

布艺硬包凹凸装饰背景 ⊕ 木花格

仿石材地砖 ⊕ 实木屏风

富有东方气韵的中式风格色彩搭配

传统的中式风格以黑、青、红、紫、金、蓝等明度较高的色彩为主。其中寓意吉祥、雍容优雅的红色是中式风格中最具代表性的色彩。中式风格的色彩发展趋于两个方向：一是色彩淡雅并富有内涵意境的高雅色系，以无彩色和自然色系为主，能够体现出居住者沉稳含蓄的性格特点；二是色彩鲜明且富有民俗风情的色彩，不仅映衬出了居住者的个性，而且能配合整体环境营造出富有古典美感的文雅气息。

实木线制作角花 ⊕ 大理石电视墙 ⊕ 木花格

木花格 ⊕ 顶面木线条走边

金色实木线制作角花 ⊕ 木格栅 ⊕ 大理石电视墙

木饰面板 ● 洞石电视墙 ● 布艺硬包

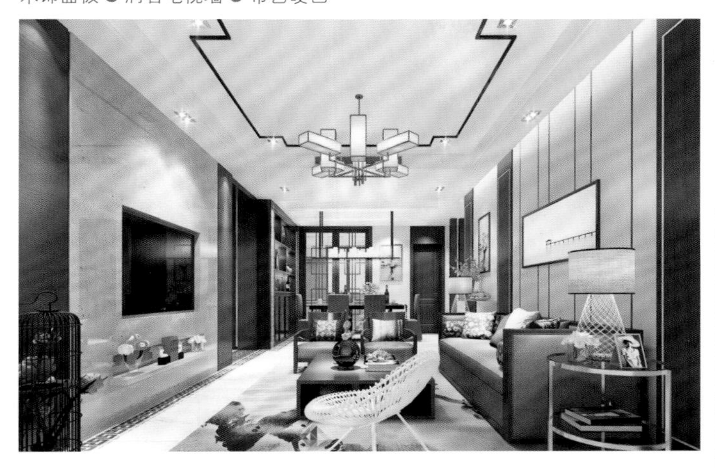

布艺软包 ● 拼花木地板

艺术壁画 ● 木花格贴银镜

设计 Design

将室外的景致引入到室内设计中，使中式风格的家居空间呈现出了天人合一的独特意境，并将中式美学的情致和意蕴展现得淋漓尽致。此外，木质家具、花艺等元素为家居空间带来了自然舒适的环境氛围。

Tips

家居中的园林艺术形象是自然形象的理想化表现。将自然界的景观加以理想化的利用，这一深层次的设计不仅美化了居住空间的环境，同时也加深了人与自然之间的情感沟通。

中式风格家居注重留白设计

中式风格在软装配饰上，常以留白的东方美学观念控制节奏，突显出中式家居的新风范。比如墙壁上的字画、空间里的工艺品摆件等，数量虽少，但却营造出了无穷的意境。留白体现的是虚实相生，仿佛什么都没有，却可以让欣赏者在自我构架的想象中任意驰骋，激发审美情趣，将“无中生有”深化到一个新的高度。

仿石材地砖 ● 大理石波打线

墙纸 ● 木线条装饰框

大理石护墙板 ● 木饰面板吊顶

微晶石电视墙 ● 大理石装饰框 ● 艺术墙饰

色彩是中式风格家居中非常重要的组成部分。浓厚丰富的色彩，让空间不会感到单调。中式风格家居的色彩搭配多采用具有代表性的中国红。传统的色彩在家居装饰中有着非常显著的风格特色，而且被赋予了深厚的文化内涵，从而一脉相承。

中国红是最富生命力的色彩，但在家居中使用过多，会显得非常刺眼。所以在家居空间中运用红色时，应适当搭配一些其他颜色，以降低空间的色彩鲜艳度，让空间显得更为平衡。

木线条打菱形框刷白 ● 大理石电视墙 ● 拼花地砖

大理石电视墙 ● 金属线条扣木饰面板

拼花木地板 ● 木格栅

中式家居讲求对称的视觉美感

从古至今，中国人对于对称美有着执着的追求，建筑、绘画、诗歌、瓷器、楹联、书法等都讲究对称，反映着中国人独有的阴阳平衡理论。在中式风格的家居空间中，对称设计无处不在，能与空间中的其他装饰元素形成和谐统一的效果。如在对称形式中糅合以不一样的设计元素，还能产生别具一格的视觉感受。

米白大理石电视墙 ◆ 墙纸 ◆ 银色线条装饰框

大理石电视墙 ◆ 墙面搁板

木花格 ◆ 墙纸 ◆ 大理石装饰框

木花格贴顶 ◆ 墙纸

新中式风格的客厅空间，其装饰元素以一种全新的形式进行了演绎，让中式风格的空间显得更有生命力。金属线条以及沙发背景墙上的立体装饰，让空间显得更富有品质感，创造出精致现代的空间美感。

Tips

不锈钢线条具有耐水、耐磨、耐擦、耐气候变化的特点，并且表面光洁如镜。在中式风格的空间里运用不锈钢线条，所带来的装饰效果极为突出。

木线条走边 ⊕ 多宝格隔断

石膏板吊顶勾黑缝 ⊕ 多层波打线

木花格贴大理石 ⊕ 仿石材地砖

富有东方韵味的中式风格客厅设计

中式风格的客厅多采用对称的布局设计，并且会搭配各种富有中式特色的元素，瑰丽精巧，极具东方韵味。在陈设摆件和花器上，多以陶瓷制品为主。除此之外，盆景、茶具等富有中式特色的装饰元素也是非常不错的选择。不仅能体现出居住者高雅的品位与个性，而且还为客厅空间营造出了融洽端庄的气氛。需要注意的是，饰品的摆放位置不要遮挡人的视线，不要阻碍人的正常活动。

木纹地砖 ⊕ 大理石波打线

墙纸 ⊕ 木线条装饰框

墙纸 ⊕ 艺术装饰挂画

布艺硬包 ⊕ 微晶石电视墙

设计Design

屏风是中式风格家居中最为经典的元素之一。在室内加入屏风进行装点，不仅没有丝毫杂乱多余的感觉，而且能让空间的气质显得更为雅致。屏风上用以饱含禅意的东方风格画作为点缀，为空间带来了古典优雅的气韵。

Tips

中式风格的屏风主要以木质为主，并常会在屏风表面利用雕刻、绘画等方式进行装饰。精细的饰面设计，让屏风成为了典雅的家居艺术品。

顶面木线条走边 ● 大理石护墙板

金箔贴顶 ● 砂岩浮雕 ● 木花格

艺术墙纸 ● 微晶石电视墙 ● 布艺硬包

Decorate 装修课堂 classroom

几案类家具衬托中式对称美感

几是古人坐时依凭的家具，案则是用于进食、读书写字时使用的家具。人们常把几案并称，是因为二者在形式和用途上难以划分出截然不同的界限。几案类家具形式多种多样，而且其造型古朴方正，常被赋予高洁、典雅的意蕴，因此将其摆设在室内便成为了一种雅趣。此外，几案类家具通常会以组合的形式出现在中式风格的空间中，并且会以对称的布局进行摆放，以承托出中式风格家居设计的对称美感。

装饰木梁 ● 木格栅 ● 大理石电视墙

木饰面板 ● 花鸟图案壁画

五联装饰画背景墙 ● 木格栅隔断

大花绿大理石电视墙 ● 花鸟图案壁画

墙纸 ⊕ 金属线条装饰框

石膏板吊顶暗藏灯带 ⊕ 嵌入式展示柜

墙纸 ⊕ 装饰挂盘 ⊕ 中式挂落

设计说 Design

留白是中式风格家居设计的一大特色，适当留白不仅能提升空间的品质，而且还为家居装饰提供了更多的可能性。如在留白的空间里适当地用以陶瓷工艺品、挂画以及绿植作为点缀，不仅能展现出饰品的形态美，而且能让中式风格的空间显得更为空灵雅致。

Tips

留白的意义在于将空间无限延展，从而带来了无限的装饰可能。在中式风格的设计中使用留白的手法，不仅能让空间显得更有禅意，而且还能让空间装饰在视觉上呈现出对比的美感。

圈椅构筑艺术想象空间

圈椅起源于唐代，其最为明显的特征是圈背连着扶手，从高到低一顺而下，在坐靠时可使人的臂膀都倚着圈形的扶手，有着十分舒适的使用体验。此外，圈椅的造型圆婉优美，体态丰满劲健，与书法艺术有异曲同工之妙，因此还可以作为家居空间的装饰元素，构筑出完美的艺术想象空间。

木饰面板 ⊕ 艺术壁画 ⊕ 微晶石墙砖

墙布 ⊕ 洞石电视墙

木线条走边 ⊕ 大理石电视墙

墙纸 ⊕ 双层大理石波打线

布艺硬包沙发墙 ⊕ 装饰挂画

茶是中国传统文化的组成部分，空间整体设计及装饰以传统的茶文化作为出发点，以浓厚的空间气氛烘托着茶韵的内涵。空间呈现出中式风格"此时无声胜有声"的空间意境，一切都显得自然随意，流露着禅意的设计美学。

Tips

陶瓷茶具有着坯质致密坚硬、无吸水性、耐寒、耐热等优点。而且陶瓷茶具泡茶无熟汤味，能保真香，且传热缓慢，不易烫手。因此有着"一壶重不数两，价重每一二十金，能使土与黄金争价"的赞誉。

墙纸贴顶 ⊕ 木纹地砖

石膏板吊顶嵌金属线条 ⊕ 大理石电视墙

大理石装饰框 ⊕ 微晶石电视墙

太师椅营造中式古典情怀

太师椅原为官家之椅，是传统家具中唯一使用官职来命名的椅子，有着权力和地位的象征意义。太师椅体态宽大，靠背与扶手连成一片，形成一个三扇、五扇或者多扇的围屏，极为典雅中正。此外，太师椅没有券口、牙板、牙角等装饰，一般在束腰下溜肩处浅刻精细的卷云卷草纹饰，与庄重的造型形成对比，大气中流露着秀气，丰富了视觉上的美感，并为家居空间营造出了中式古典的情怀。

木线条造型贴银镜 ⊕ 大理石装饰框 ⊕ 艺术壁画

大花白大理石电视墙 ⊕ 定制电视柜

布艺硬包 ⊕ 装饰挂画 ⊕ 大花白大理石电视墙

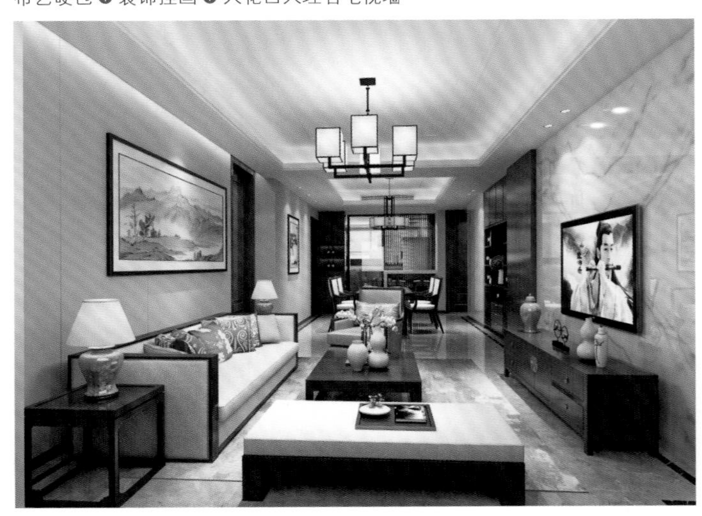

木花格 ⊕ 微晶石电视墙

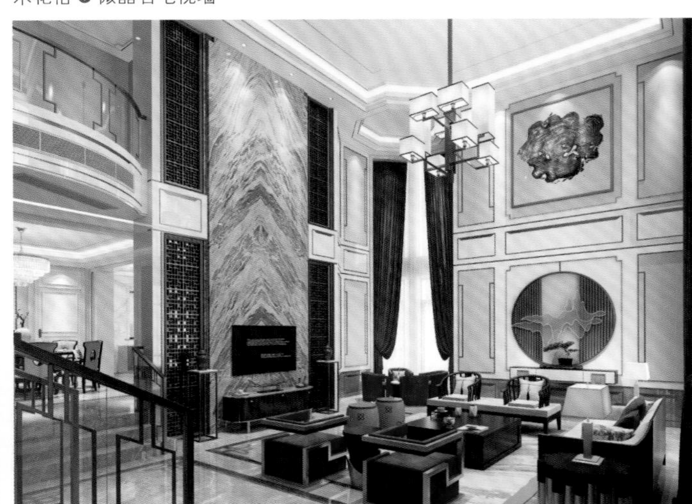

在缺乏自然感的都市里，应为家居空间点缀一些自然、温暖的元素。如清新温润的木饰面，能很好地软化空间的生硬与冰冷，从而带来更为自然舒适的居住体验。在木质元素的萦绕下，让生活变得更加简单和美好。

Tips

在运用木饰面的时候，应根据相邻的材质，选择恰当的造型和块面分割比例，同时还应考虑后期软装饰的颜色、材质，进行综合比较后再选择合适的搭配方案。

墙纸 ● 布艺硬包沙发墙 ● 大花白大理石

木花格贴茶镜 ● 布艺软包吊顶

木花格屏风 ● 石膏板吊顶暗藏灯带

中式客厅地毯的搭配技巧

在中式风格的客厅里，铺以图案精美、做工细致的地毯，对于地面空间有着极为突出的装饰效果。选择带有回纹、祥云等富有中式特色图案的地毯，更能彰显中式风格家居的含蓄之美。地毯上的颜色可以和主体家具的颜色相互呼应，让整体空间形成协调统一的视觉效果。此外，以其他颜色和纹样作为点缀和延伸，能很好地丰富空间装饰细节，比单一的色彩组合更能凸显中式风格的空间特色。

硅藻泥墙面 ◉ 大花白大理石电视墙

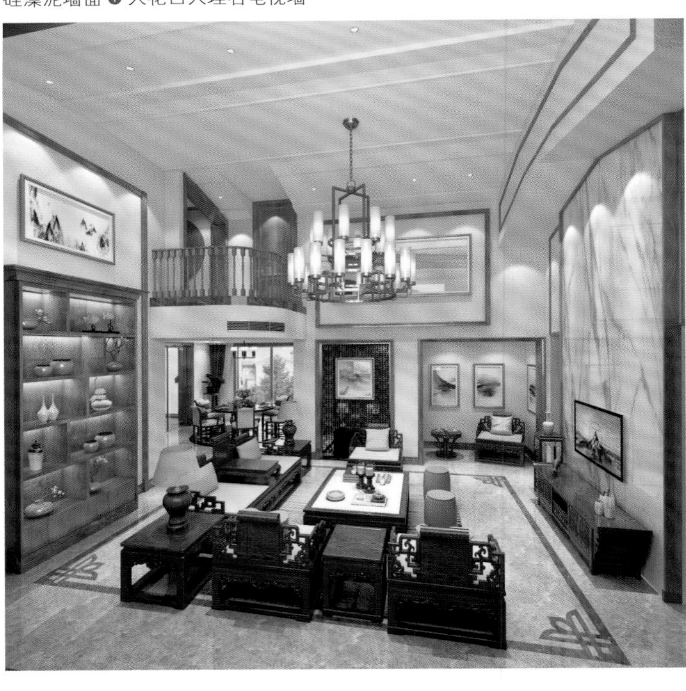

木花格贴黑镜 ◉ 艺术墙纸

波浪板 ◉ 大理石电视墙 ◉ 艺术墙饰

硅藻泥墙面 ◉ 布艺软包电视墙

木饰面板 ◉ 布艺软包电视墙

艺术墙纸 ● 月洞窗造型

大理石电视墙 ● 装饰挂画

设计 Design

木地板的运用，不仅为客厅空间带来了舒适的脚感，而且其自然的纹理，更能引发了人们对自然、生命以及轮回的思考，让中式风格的空间显得更具禅意。丰富的挂画搭配，不仅装点了客厅的景致，而且为空间增添了温润灵动的层次感。

Decorate 装修课堂 classroom

中式屏风的运用技巧

屏风在中式风格的设计中是不可或缺的。在中式风格的空间中，一般会将屏风设于较为显眼的位置，有着分隔空间、美化家居环境以及协调空间装饰等作用。中式屏风的表面可以根据家居的整体装饰风格进行搭配设计，以达到与家居空间交相呼应的装饰效果。

墙纸 ⊕ 木线条收口

大理石电视墙 ⊕ 金属线条装饰框

大理石背景墙 ⊕ 三联装饰挂画 ⊕ 木格栅

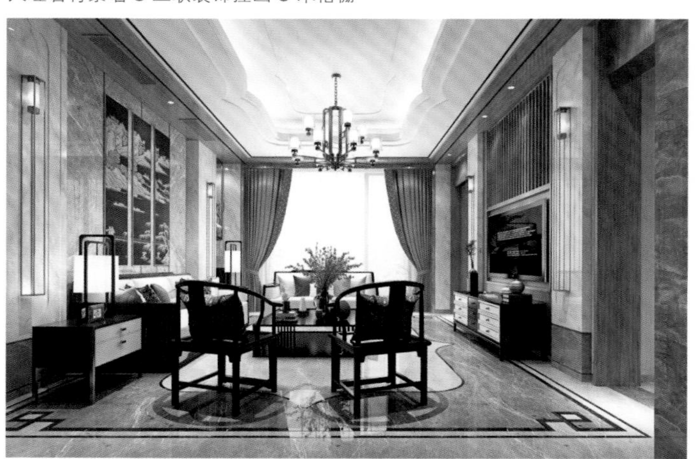

布艺硬包 ⊕ 大理石电视墙

金属线条扣木饰面板 ⊕ 大理石电视墙

Design

在中式风格的客厅中使用金色作为点缀搭配，能为空间打造出富丽堂皇的视觉美感。再搭配华美的吊灯营造视觉焦点，足以让中式风格的客厅空间显得更加大气豪华。空间里多处深色的运用，则完美地加强了整体空间的视觉稳定感。

Tips

金色具有纯度和广度，给人华丽高贵和富丽堂皇的感觉。用金色搭配黑色最安全，搭配灰色同样典雅。注意金色需要与深色相搭配才比较谐调。深色既可以压住金色张扬的跳跃感，又能反衬出华丽的视觉效果。一张一弛，和谐交融。

大理石电视墙 ⊕ 多宝阁隔断

石膏板挂边 ⊕ 布艺硬包电视墙

Decorate

装修课堂

classroom

挂落提升中式风格装饰层次感

挂落是中国传统建筑中额枋下方的构件，一般由镂空的木格或雕花板制作而成，也可用细木条搭接而成。挂落在中式风格中常做透雕或彩绘，并将其作为装饰的重点。由于挂落常会配以古典优美的装饰花边，不仅能丰富上部空间的装饰，而且还加强了整体空间的层次感，从而形成了非常强烈的装饰效果。

墙纸贴顶 ⊕ 墙布 ⊕ 木饰面板

微晶石电视墙 ⊕ 金属线条扣木饰面板

仿古砖地面 ⊕ 定制展示柜

顶面木线条走边 ⊕ 大理石电视墙

墙纸 ⊕ 木线条装饰框

花格是最能体现中式风格特色的元素之一。中式花格一般是用木材做成方格，有的还会搭配传统中式的装饰图案，呈现出中式风格的古典韵味。

Tips

在新中式风格中运用花格不仅保持了中国传统的家居装饰艺术，而且还为其增添了时代感，突破了中式传统风格中沉稳有余、活泼不足等常见的弊端。

布艺软包电视墙 ⊕ 木花格刷白

水墨图案墙纸 ⊕ 墙面搁板

木花格隔断 ⊕ 仿石材地砖 ⊕ 回纹图案波打线

利用鼓凳增添中式家居装饰效果

鼓凳是中国传统家具之一，因其造型似鼓而得名，由于早期的鼓凳会在四周用丝绣一样的图画作装饰，因此又称之为绣墩。用于制造鼓凳的材质一般有木质和陶瓷两种，材质上的差异能带来不一样的装饰效果。在中式风格的家居中，家具一般都是方形，因此会感觉缺少变化，搭配一个圆形的鼓凳，能为家居空间增添别样的装饰效果。

蓝色硅藻泥背景墙 ⊕ 木纹大理石

大理石电视墙 ⊕ 大理石罗马柱 ⊕ 实木护墙板

木质吊顶 ⊕ 布艺软包电视墙 ⊕ 大理石踢脚线

设计详解 Design

客厅空间从家具到电视背景墙的装饰装修，都呈现出了强烈的新中式风格特色。水墨画的背景墙面将中式古典韵味缓缓流露。空间里的金属元素，则带来了时尚而现代的氛围。传统与现代的融合，使整个客厅呈现出了浓郁的新中式风情。

Tips

中式风格的客厅空间可以根据自身的经济条件，选择几个重点区域作为装修的核心。并以简驭繁的装饰手法，达到最高效的空间装饰效果。

木花格 ● 布艺硬包 ● 木质踢脚线

大理石电视墙 ● 顶面木线条走边

微晶石墙面 ● 大理石装饰框 ● 木纹地砖

Decorate 装修课堂 classroom

如诗如画的中式风格窗棂设计

窗棂是中国传统木构建筑的框架结构设计，使窗成为传统建筑中最重要的构成要素之一。门窗上的雕刻工艺，是中国工匠数千年来摸索形成的传统技艺。因此，窗棂文化是中国传统文化的组成部分。在中式风格的空间中，常会出现一些形状优美精致的窗棂，如仙桃葫芦、福寿延年、扇状瓶形等，透过窗子，可以看到外面的不同景观，犹如一幅活动的风景画，极富装饰韵味趣味。

木质吊顶 ⊕ 木花格隔断

微晶石电视墙 ⊕ 米白大理石护墙板

墙纸 ⊕ 米色墙砖斜铺电视墙

木饰面板 ⊕ 布艺硬包电视墙

大理石护墙板 ⊕ 木线条造型

墙纸 ⊕ 大理石踢脚线 ⊕ 多层波打线

对称工整的空间布局中，搭配了明代风格的家具，并以轻巧的结构形态巧妙地弱化了空间中的严肃感。墙面与顶面形成了富有节奏的变化关系，给人以宽敞的空间感，突显出简朴而典雅的中式情怀。

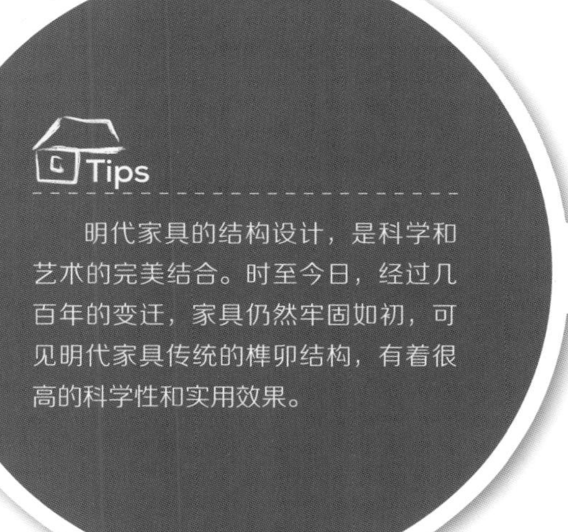

墙纸 ◉ 木质装饰框 ◉ 大理石电视墙

米黄色墙砖斜铺 ◉ 布艺硬包沙发墙

艺术壁画 ◉ 大理石线条收口

明式家具彰显中华传统文化的神韵

明式家具看似不复杂，其实在其简单纯净外表下隐藏着非常复杂的榫卯结构。不同部位运用不同形式的榫卯结构，既符合功能要求，又结实耐用。明式家具是中国传统家具文化的代表，其干净简朴的曲线，若有若无、若虚若实，营造出广阔的想象空间，并散发出中华传统文化的气质与神韵。

装饰方柱 ◆ 仿石材地砖

大理石电视墙 ◆ 金属线条装饰框

木线条走边 ◆ 玻化砖斜铺 ◆ 波打线

石膏浮雕 ◆ 木线条走边 ◆ 拼花地砖

设计 Design

以中国传统吉祥图案的屏风作为客厅空间的沙发背景，带来了静谧的氛围，沙发与木质茶几以及边柜的组合，则为客厅空间营造出富有禅意的内涵。

Tips

在中式风格的装饰中，吉瑞图案是极具魅力的装饰元素，被广泛地应用于室内装饰中。此外，吉祥图案还可以直接用吉祥汉字的各种书写体来表示，如福、寿、喜等字早已被图案化和艺术化，不仅形象，而且极为美观。

仿古砖地面 ⊕ 布艺硬包电视墙

艺术壁画 ⊕ 大理石电视墙 ⊕ 木格栅

布艺硬包 ⊕ 木饰面板 ⊕ 拼花木地板

皮质硬包电视墙 ⊕ 木质装饰框

Decorate

装修课堂

classroom

中式风格家居的饰品搭配准则

中式风格的家居空间常用传统的书法字画、折扇、瓷器等饰品进行装点，并且注重饰品与空间的协调呼应。在墙面上，常以荷叶、金鱼、牡丹等具有吉祥寓意的饰品作为点缀。此外，由于新中式风格家居讲究层次感，因此在选择组合型工艺品挂件时，要注意各个单品的大小选择与间隔比例，同时注意平面的留白并在结构上设计适当的空缺，营造出朴素简洁的现代美。

嵌入式多宝阁 ● 大理石护墙板

顶面木线条走边 ● 微晶石电视墙 ● 艺术墙纸

木质造型吊顶 ● 墙纸 ● 大理石地面

木纹地砖 ● 木花格

山水大理石电视墙 ● 布艺硬包沙发墙 ● 黑白根大理石

鸟笼装饰是中式风格中常见的元素，能为家居空间营造出自然亲切的氛围。此外，鸟笼的金属质感和光泽，在呈现中式风格特色的同时，也为家居环境带来了现代时尚的气息。

Tips

市场上的鸟笼材质大致可分为铜质和铁艺两种。铜质的比较昂贵，而铁艺的容易生锈。但如果铁艺鸟笼在制作过程中进行镀锌处理，可以有效地避免这个问题。

木格栅隔断 ◆ 金属线条扣木饰面板 ◆ 大理石电视墙

木饰面板电视墙 ◆ 大理石地面

Decorate 装修课堂 classroom

中式风格花艺的搭配要点

花艺是中式风格家居必不可少的装饰元素。中国的花艺早在两千年前就已经有了原始的雏形，并且在唐朝时逐渐盛行起来，尤其是在皇室贵族中极为流行。中式风格的花艺在设计上强调自然美的体现，花朵被寄予了不同的情思，每朵花、每片叶都蕴涵着深长的美学内涵。此外，花材一般选择枝杆修长、叶片飘逸、花小色淡的种类为主，如松、竹、梅、柳枝、牡丹、茶花、桂花、芭蕉、迎春等，营造出富有中式文化意境的家居环境。

大理石电视墙 ● 回纹图案波打线

大理石护墙板 ● 木质隔断沙发背景

大花白大理石电视墙 ● 木纹大理石沙发墙

石膏板吊顶暗藏灯带 ● 玻化砖地面

以具有立体凹凸感的壁饰作为沙发背景墙上的装饰点缀，为客厅空间增添了不少时尚感。整体简洁工整的格局，让空间看上去既富有层次感，又显得美观大气。

Tips

如果要让家居空间显现出与众不同的艺术感，就要在壁饰上多下工夫。一件有品质且有艺术气息的创意立体壁饰，能为中式风格的客厅空间营造出别具一格的艺术氛围。

仿石材地砖 ● 大理石波打线

微晶石电视墙 ● 布艺硬包

石膏板吊顶暗藏灯带 ● 艺术壁画 ● 木线条装饰框

竹质元素营造中式庭院风情

竹子有着清华其外，淡泊其中，不做媚世之态的气质，也由此与中式风格空间特色相得益彰。在家居空间搭配竹质元素的使用，仿佛将庭院的风景引入到了室内。运用竹子冰清玉洁的材质特征，为家居空间营造出超凡脱俗的风格气韵。

大理石电视墙 ⊕ 木饰面板

木花格贴茶镜 ⊕ 墙纸 ⊕ 木线条装饰框

金属线条扣木饰面板 ⊕ 大理石电视墙

茶镜 ⊕ 木质装饰框 ⊕ 大理石电视墙

大理石护墙板 ● 皮质硬包沙发墙

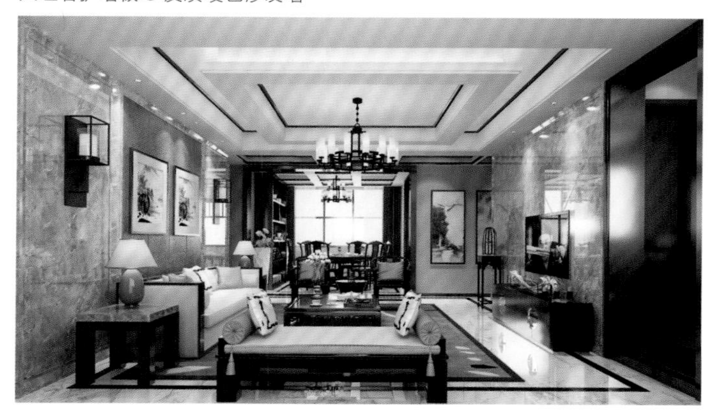

艺术壁画 ● 木饰面板 ● 线条制作角花

皮质软包电视墙 ● 艺术壁画

Decorate 装修课堂 classroom

梅兰竹菊传承中国古典哲学思想

梅兰竹菊是中式风格中最为经典的装饰元素之一。古往今来，无数的文人雅士都以不同的形式、执着的笔墨赞美着“梅、兰、竹、菊”四君子。梅高洁傲岸，兰幽雅空灵，竹虚心有节，菊冷艳清贞。中国人在一花一草、一石一木中承载着自己的一片真情，使花木草石赋予了“灵性”。梅兰竹菊的运用，让中国古典哲学思想在家居设计中得以传承。

石膏浮雕 ● 木花格贴顶

大理石护墙板 ● 金属线条造型 + 艺术壁画

Decorate 装修课堂 classroom

青花瓷打造中式风韵味的家居

青花瓷作为中华民族的一种文化工艺瑰宝，以其极具文化内涵的图案深受人们的喜爱，并且是中式风格家居中永不过时的经典装饰品。温馨的淡蓝色是一种安定而宁静的颜色，将青花瓷作为家居空间的配饰，既能远观又能近赏，让原本平凡无味的生活变得有趣了起来。此外，瓷面上犹如水墨画风格的图案，让整个家居空间充满着浓郁的中国风韵味。

仿石材地砖 ⊕ 多层波打线

木纹墙砖 ⊕ 墙纸

玻化砖夹小黑砖斜铺 ⊕ 大理石波打线

硅藻泥墙面 ⊕ 大理石电视墙 ⊕ 拼花地砖

过道

HOME 禅意中式

木雕工艺营造中式传统文化气韵

古朴的木质雕刻，能为中式风格的家居空间营造浓郁的传统韵味。在中式风格中，木雕工艺一般运用在工艺品摆件、隔断、家具装饰等方面。富有中式特色的雕刻图案主要有梅花、竹子、松树等元素，优美自然的雕刻图案，赋予了空间祥和宁静的气韵。

木花格贴银镜 ◆ 米黄大理石

石膏板吊顶暗藏灯带 ◆ 多层波打线

艺术壁画 ◆ 米黄大理石

布艺硬包 ◆ 仿石材地砖斜铺

浅棕色能为空间营造出一种古朴、自然的感觉。浅棕色介于木质与土地的颜色之间，属于中性色，既不过于鲜艳，也不会显得平淡，而且能为典雅的中式风格空间营造现代感。在古典风格中融入现代元素，正好迎合了现代中式风格家居设计的要求。

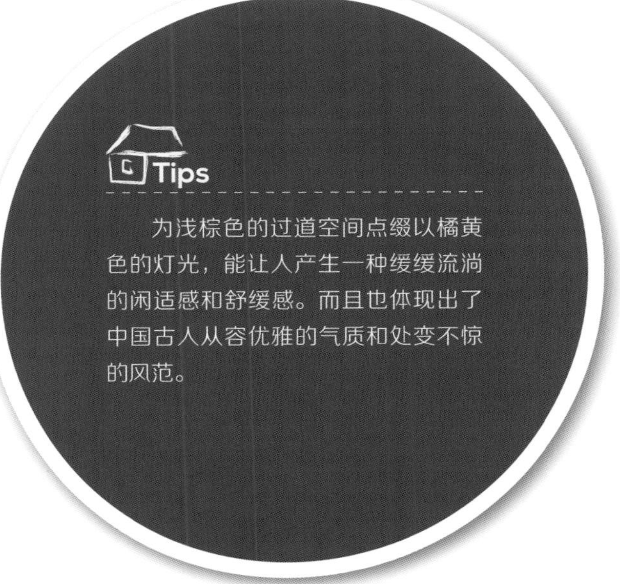

Tips

为浅棕色的过道空间点缀以橘黄色的灯光，能让人产生一种缓缓流淌的闲适感和舒缓感。而且也体现出了中国古人从容优雅的气质和处变不惊的风范。

木格栅隔断 ⊕ 木纹地砖

大理石护墙板 ⊕ 拼花地砖 ⊕ 回纹图案波打线

玻化砖夹黑色小砖斜铺 ⊕ 大理石波打线

墙纸 ⊕ 白色木线条装饰框

月洞窗装饰 ⊕ 装饰竹子 ⊕ 墙纸

墙纸 ⊕ 装饰壁龛 ⊕ 大理石踢脚线

灰白两色地砖混铺 ⊕ 大理石波打线

墙纸贴顶 ⊕ 木格栅 ⊕ 大理石波打线

山水画简称“山水”，是中国画的一种，一般以描写山川自然景色为主体。将山水画作为家居背景墙的装饰，不仅装饰感强烈，而且还能加强空间的稳定感。此外，优美清雅的图案也为家居空间带来了自然气息，让居住于其中的人内心感到安稳。

Tips

墙面装饰在过道装修中占有相当重要的地位，同时凝聚了视觉焦点。因此，过道背景墙装饰不仅弥补了墙面的空旷，同时还起到了修饰的作用，所以对其设计极为必要。

石膏板吊顶拓缝 ● 墙纸 ● 装饰挂画

玻化砖斜铺 ● 大理石波打线

木饰面板 ● 仿石材墙砖

Decorate 装修课堂 classroom

雀替体现中式风格对装饰细节的追求

雀替原是中国古代建筑中的特殊部件，安置于梁或阑额与柱交接处承托梁枋，后逐渐演变为纯装饰性构件，在造型上有龙、凤、仙鹤、花鸟、花篮、金蟾等各种形式。雀替就像一对翅膀在柱的上部向两边伸出，以一种生动的形式随着柱间框格而改变，让中式风格的顶面空间显得更为丰富。虽然雀替在空间中并不显眼，但却有着非常优质的装饰效果，同时也体现出了中式风格对装饰细节的追求。

石膏板吊顶暗藏灯带 ● 亚光砖地面

大理石护墙板 ● 多层波打线

墙纸 ● 木纹砖地面

仿石材地砖 ● 大理石波打线

文化石背景墙 ⊕ 双层波打线

设计 Design

木质材料在空间里流露出了浓郁的自然气息，木质花格柜搭配隔断墙，很好地划分出了功能区。隔断台面上所摆放着的绿植，呈现出了浓郁的东方禅韵，让空间变得更加活跃靓丽的同时，还展现出大自然的生命力。

金箔贴顶 ⊕ 拼花地砖 ⊕ 多层波打线

墙纸 ⊕ 大理石垭口 ⊕ 多层波打线

Tips

在过道设置隔断，可以在一定程度上保持房屋的神秘感，避免了经过时就将整个客厅净收眼底的弊端。此外，在隔断处设置一个柜子不仅增强了收纳能力，而且也增加了可用于装饰的空间。

木花格贴微晶石墙砖 ⊕ 回纹波打线

石膏板吊顶暗藏灯带 ⊕ 木线条走边

墙纸 ⊕ 木线条装饰框

木纹地砖 ⊕ 拼花地砖 ⊕ 大理石罗马柱

木格栅 ⊕ 绿植装饰

即使是一两件小物品，如果只是随意地放置也会显得凌乱、扎眼。因此，过道家具的收纳功能不可忽视。如果条件允许，长形柜无疑是极佳的选择，不仅收纳功能强大，而且许多零碎的小物件也可以进行分门别类的收纳。

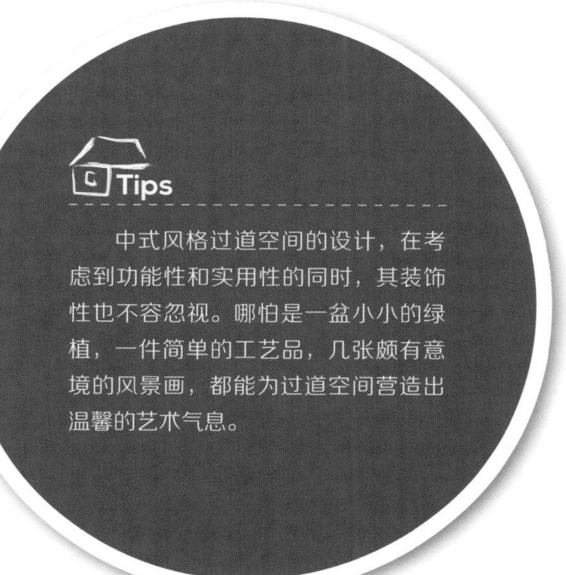

Tips

中式风格过道空间的设计，在考虑到功能性和实用性的同时，其装饰性也不容忽视。哪怕是一盆小小的绿植，一件简单的工艺品，几张颇有意境的风景画，都能为过道空间营造出温馨的艺术气息。

墙纸 ⊕ 金属踢脚线

木格栅 ⊕ 仿石材地砖

Decorate
装修课堂
classroom

中式图案瓷砖拼花营造古典艺术感

拼花瓷砖是中式风格装修中最为常见的材料之一，并常运用于过道玄关等区域。为了能达到更好的装饰效果，瓷砖拼花的图案以中式元素为主，如万字纹、回字纹等，并通过合理的设计，将地面瓷砖拼花装饰效果显示出来。此外，还可以利用胶的深浅颜色凸显出瓷砖拼花的装饰效果。如利用深色胶，在瓷砖上产生分割的效果，这样不仅对拼花的装饰效果有着较好的提升，还能为中式风格的空间营造出别具一格的艺术气质。

石膏板吊顶刷银箔漆 ⊕ 木花格

石膏板吊顶勾黑缝 ⊕ 玻化砖斜铺 ⊕ 波打线

灰色仿古砖斜铺 ⊕ 鹅卵石

仿石材地砖斜铺 ⊕ 大理石波打线

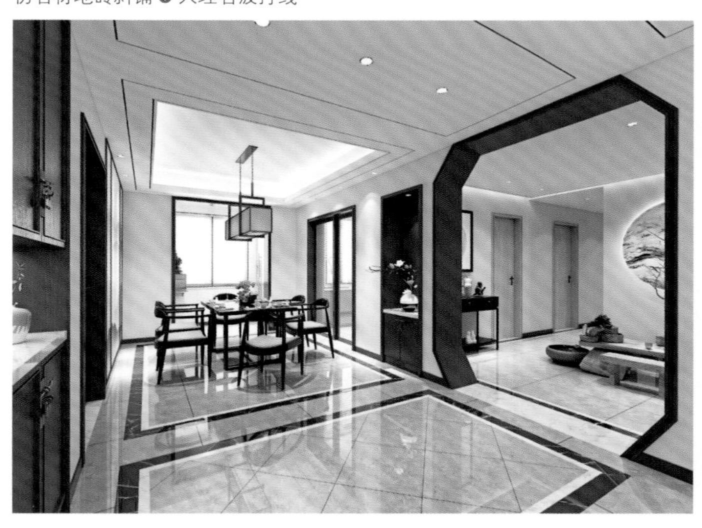

木饰面板 ⊕ 大花白大理石墙面

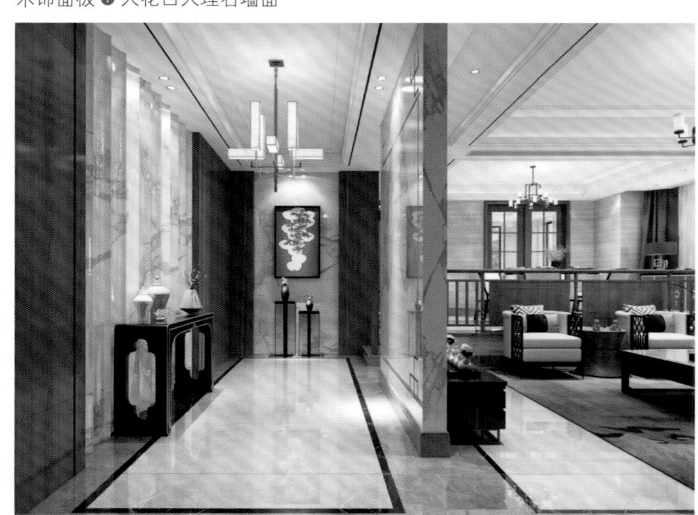

在中式风格的过道背景墙装饰富有中式特色的花鸟画，能让空间显得格外优美与赏心悦目。此外，饱含质感的壁挂以及寓意吉祥的鱼群等元素，都可以与中式风格的室内装修起到良好的衔接，同时也彰显出了主人的品位与追求。

为了突出中式风格的历史感及中国特有的文化元素，可在过道空间摆设具有古典造型特色的木质装饰柜。不仅具有一定的收纳作用，而且富有质感的铜制拉手还为过道空间带来了沉稳而又华贵的感觉。

地砖斜铺 ● 大理石波打线

拼花地砖 ● 大理石波打线

新中式风格的过道柜呈现出了简洁大方又不失古韵的美感，饰以花鸟图案装饰的柜体，更好地体现出中国的传统文化。还可以在柜面上搭配台灯，以增加过道空间的装饰照明，并可点缀一些绿植，以达到丰富的视觉效果。

墙纸 ⊕ 木线条装饰框

玻化砖斜铺 ⊕ 大理石波打线

Tips

中式风格的柜子有着稳重大气之感，加上过道墙面上的线条装饰，瞬间提升了主人的品位。如果想要让空间变得温馨一些，可以搭配一些暖色系的灯饰，以弱化柜体过于沉稳严肃的感觉。

在客厅和过道之间运用了具有中式特色的木格栅隔断，不仅呼应了整体的设计风格，而且还增加了客厅的私密性，起到了隔而不断的视觉效果。过道隔断在设计时要注意其高度应控制在 2400mm 左右，如果高于这个高度就需要拼接了。

木质花格宜选用硬木制作，中档的可以用水曲柳、沙比利、菠萝格；高档的可以选用鸡翅木、花梨木、柚木等；低档的则一般是使用杉木制作，由于杉木结疤较多，一般需要处理后使用。

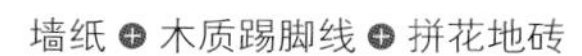

墙纸 ⊕ 木质踢脚线 ⊕ 拼花地砖

满墙定制书柜 ⊕ 墙纸 ⊕ 金鱼造型壁饰

金箔贴顶 ⊕ 木线条走边 ⊕ 拼花地砖

设计 Design

如果想在过道空间营造中式韵味，则需要进行针对性的装饰。无论是木质的花格，还是雅致的装饰画、精致的收藏品，都能体现出中式的传统风情。

回纹图案拼花地砖 ⊕ 银镜顶面 ⊕ 水晶吊灯

木饰面板 ⊕ 金属线条装饰框 ⊕ 木纹地砖

拼花地砖 ⊕ 墙纸 ⊕ 金属线条收口

米白大理石垭口 ⊕ 深啡网纹大理石踢脚线

设计 Design

木线条比石膏线条更适合运用在新中式风格中，通过木线条来诠释新中式风格大方自然的美学理念。从棚顶造型到墙面的木质元素，加上木质回纹吊灯的点缀，足以让空间增添温馨自然的感觉。

木花格隔断 ⊕ 仿石材墙砖

Tips

新中式木线条摒弃了传统中式风格复杂的元素，尽量把线条做得简单，装上后让空间整体看上去更为干净、利落。

墙纸 ⊕ 木质踢脚线

设计 Design

中式风格过道装饰的美观主要体现在墙面上，可以采用与家居颜色相同的乳胶漆或墙纸进行设计。还可以挂上中式意味强烈的装饰画或挂饰，以突出过道空间的古典美感。如能对装饰元素进行重点照明，则能让空间显得更为灵动。

金属线条扣大花白大理石 ⊕ 黑白根大理石垭口

布艺硬包 ⊕ 木线条装饰框 ⊕ 留白装饰挂画

Tips

过道空间的灯光运用也很关键，由于过道的采光相对较弱，因此建议采用卤素射灯作为辅助照明，高度聚集的光线不仅能很好地对装饰元素进行重点照明，同时也能让墙面颜色的饱和度达到最为舒适的视觉效果。

卧室

HOME 禅意中式

Decorate 装修课堂 classroom

新中式风格家居的色彩搭配要领

由于新中式风格的家居空间稳重端庄，时尚大方，因此如果以高级灰作为背景，可以为居住环境带来雅致、清简之感。高级灰不仅可以运用在墙面或地面，也可融入到挂画或软装饰品中。此外，棕色是中式家居常用的色彩，端庄沉稳的色彩能给人带来古朴自然的视觉感受。而且由于棕色与土地颜色相近，还能在典雅的空间里制造出安定、沉静、亲切的感觉。

床头布艺硬包 ⊕ 木花格

装饰木梁 ⊕ 墙纸 ⊕ 床头布艺软包

床头布艺软包 ⊕ 金属线条收口 ⊕ 玻璃隔断

床头布艺硬包 ⊕ 木线条装饰框 ⊕ 实木地板

石膏板吊顶暗藏灯带 ⊕ 墙纸

设计 Design

纱帘将屋外的风景半遮半掩，营造出了静谧温馨的空间，不仅让忙碌奔波的都市人得到舒适的休憩，同时内心也在幽静的环境中逐渐舒缓下来。

Tips

窗帘作为室内装饰的一部分，应注意要与室内的其他陈设相协调，尤其要注意与床罩、地毯等面积较大的布质物品的协调关系，如能在颜色或图案上形成一定的统一，还能增强室内的整体凝聚感。

密度板雕花刷白 ⊕ 顶面木线条走边

墙纸 ⊕ 大理石装饰柱

墙纸贴顶 ⊕ 床头布艺软包

花艺搭配为新中式家居营造自然意境

新中式风格的家具线条硬朗，颜色深沉，因此搭配适宜的花艺摆件，能达到软化空间，避免气氛沉闷的作用。优美大方的花饰，能成为空间装饰中的点睛之笔。在花材和花器的选择上，以雅致、朴实、简单为原则，以烘托出新中式风格空间的自然意境，而且数量上也不宜过多，以少量点缀为宜。

床头花鸟墙纸 ● 木线条装饰框

石膏板吊顶嵌金属线条 ● 床头布艺硬包

木线条走边 ● 实木地板

墙纸 ● 床头布艺软包

灰色与静谧蓝的搭配，有着低调的奢华感，并且显得稳重而纯真。两者相结合完美诠释了整个空间内敛低调的气质，在保持中式风格稳重感的同时，又能让空间显得愉悦而纯美。

石膏板吊顶 ⊕ 金属线条装饰框

花鸟图案墙纸 ⊕ 木线条装饰框

银镜 ⊕ 石膏板吊顶勾黑缝

Decorate 装修课堂 classroom

中式风格卧室的饰品搭配

中式风格的卧室可以选择搭配富有中式内涵的饰品，如彩陶艺术品、中式屏风、根雕作品等，虽然工艺简单，但却透露出中国文化的深厚底蕴。此外，扇子也是中式风格空间中常用到的装饰元素，而且也是古代文人墨客的一种身份象征，并有着吉祥的寓意。圆形的扇子配以流苏和玉佩，也是中式风格家居墙面装饰的极佳选择。

木花格电视墙 ⊕ 木线条走边

床头艺术壁画 ⊕ 皮质硬包

床头布艺硬包 ⊕ 茶镜 ⊕ 实木地板

木花格 ⊕ 花鸟画案墙纸

床头艺术壁画 ⊕ 布艺软包

设计汇 Design

新中式风格的卧室在追求古典韵味的同时，还可以利用白色作为主体配色，营造出丽质天然、冰清玉洁的空间氛围。白色与蓝色床头背景墙、木色地板以及家具的搭配，使整个卧室的色调不至于太暗沉，犹如一幅清新婉约的水墨画卷。

灰色乳胶漆 ● 木饰面板

石膏板吊顶 ● 床头布艺软包

Tips

如果觉得白色空间过于单调，则可以选择搭配米色、褐色或棕色的家具，以缓和白色所带来的轻飘感。让新中式风格的卧室空间呈现出古朴典雅，又不失简约的气质。

Decorate 装修课堂 classroom

装饰画赋予新中式家居唯美意境

新中式风格家居内的装饰画通常会采用大量的留白，渲染唯美的意境。在新中式风格的家居中，画作的选择和饰品的搭配以及空间层次的构造有着非常紧密的联系，选择色彩淡雅、题材简约的装饰画，在画作内容上，可选择完全相同或者主题成系列的山水、风景、花鸟画，无论是单个欣赏还是搭配花艺等陈设都能达到唯美的装饰意境。

木花格贴茶镜 ⊕ 床头布艺软包 ⊕ 拼花木地板

床头布艺硬包 ⊕ 金属线条

墙纸 ⊕ 木质踢脚线 ⊕ 实木地板

在中式风格的卧室空间利用灰色作为整体配色，能给典雅厚重的氛围融入一丝低调浪漫的感觉。在枕头以及靠枕的设计上，加入了富有中式特色的图案，营造出华美舒适的卧室空间环境。

Tips

由于灰色比较柔和，对于气质比较厚重的中式家具、饰品以及配色，都能起到柔化的作用，从而让休息环境于稳重中流露出温馨的感觉。

布艺软包 ● 白色踢脚线 ● 拼花木地板

石膏板吊顶勾黑缝 ● 床头木线条造型

花鸟图案墙纸 ● 木线条装饰框

祥瑞图案在中式风格中的运用

在中国民间流传着许多含有吉祥意义的图案。逢年过节，人们用这些寓意吉祥的图案装饰自己的房间和物品，以表示对幸福生活的向往，以及对良辰佳节的庆贺。在中式风格的空间装饰中，祥瑞图案是极具魅力的装饰元素，并常作为艺术设计的题材，被广泛地应用于家居装饰中。

顶面金属线条走边 ⊕ 床头布艺软包 ⊕ 金属线条扣木饰面板

木花格贴茶镜 ⊕ 床头艺术壁画 ⊕ 木线条收口

木饰面板 ⊕ 床头布艺硬包

墙纸 ⊕ 木线条装饰框

设计Design

禅意空间以物化的艺术形式为中式风格的卧室空间带来了一种淡然清雅、宁静超脱、启迪思想的氛围。简单并富有内涵的设计形式，赋予了休息空间超脱世俗般的艺术氛围。

Tips

随着室内设计的不断发展，人们对于卧室的搭配与设计要求也在不断提高，并且追求亲切宁静的生活品质。因此简朴、淡雅、自然的设计风格更能迎合现代人的精神与情感诉求。

木饰面板 ⊕ 床头皮质软包

墙纸 ⊕ 木线条装饰框 ⊕ 床头布艺软包

床头艺术墙纸 ⊕ 木线条收口

床头壁画 ⊕ 木线条装饰框

Decorate 装修课堂 classroom

花鸟图墙纸营造诗情画意的家居空间

将鸟语花香的氛围融入到家居空间，可以提升家居空间的自然气息，清雅的花鸟画墙纸，彰显出了独有的东方气韵。花鸟画是中式风格中永远不会过时的装饰主题，常被运用在沙发背景墙、床头背景墙等墙面。中式花鸟画墙纸一般以富贵的黄色为底色，题材以鸟类、花卉等元素为主，美好的寓意、自然的文化气息，犹如诗情画意的美感瞬间点亮了整个空间。

木饰面板 ● 床头布艺软包

中式四柱床 ● 拼花木地板

床头壁画 ● 木线条装饰框

木格栅 ● 床头布艺软包

床头艺术壁画 ● 布艺软包

设计 Design

空间里的家具以木质为主，造型简约典雅。总体沉稳的深色再配以黄色的花鸟图背景墙，很好地表现出了中式古典文化的内涵。古朴优雅的图案，让卧室空间更具中式韵味，并且体现出了中国传统的家居文化。

Tips

中式实木四柱床自然纯朴，大气典雅。木色迷人的光泽以及清晰的纹理富有自然美感，为卧室空间带来了舒适惬意的氛围。

墙纸 ⊕ 木线条装饰框

墙纸 ⊕ 实木地板

床头布艺硬包 ⊕ 木线条装饰框 ⊕ 拼花木地板

富有传统美感的回纹图案

回纹是由横竖短线折绕组成或方或圆的回环状花纹，由于形如回字所以称之为回纹，有着富贵不断头的吉祥寓意，并且对称均衡的构图也寓意家庭四平八稳。回纹纹样规则有序、极富理性的横竖转折，是中国传统纹样艺术史上精致庄重的一部分。在中式风格中，常常会选择使用回纹纹样的实木线条，使家居空间更具中式古典的韵味，而且装饰效果大方稳重，不失传统美感。

床头布艺硬包 ⊕ 实木地板

金属线条扣木饰面板 ⊕ 床头布艺硬包

石膏板吊顶 ⊕ 实木线制作角花

白色踢脚线 ⊕ 拼花木地板

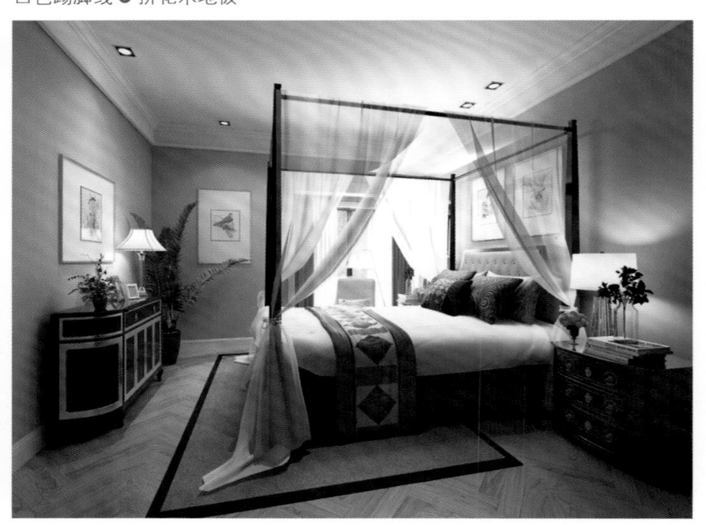

中式风格卧室空间的吊顶一般都以简洁的造型为主。简单的造型更易于营造舒适的睡眠环境。如果觉得过于单调，可以选择利用木线条设计出花格的造型，以作为顶面空间的装饰点缀，营造出简约优雅的气质。

Tips

中式风格卧室的吊顶还可以搭配木质线条的运用。如设计一圈简单的顶角线，并在顶角线上雕刻古典的艺术图案，让顶面空间的装饰不再单调。

石膏板吊顶暗藏灯带 ● 墙纸 ● 艺术壁画

实木雕花护墙板 ● 床头布艺硬包 ● 金属线条装饰框

床头艺术壁画 ● 木格栅

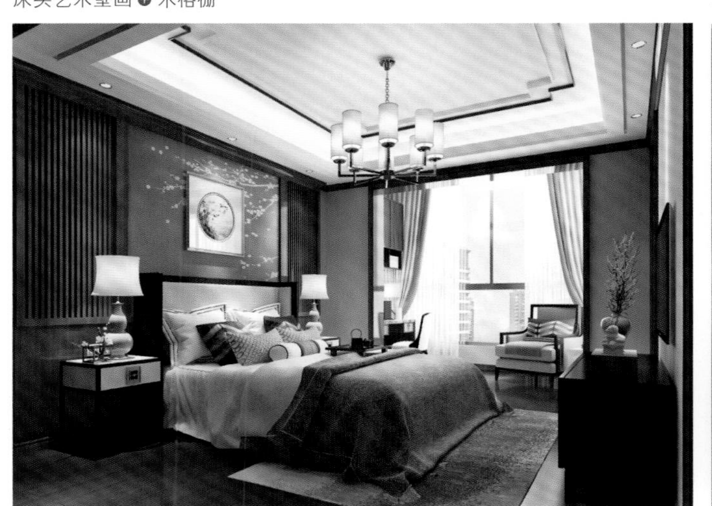

床头布艺软包 ● 实木地板

Decorate 装修课堂 classroom

中式风格窗帘布艺搭配要领

由于传统中式风格的典型元素是大量的木质古典家具，且家具颜色发红发深，所以红棕色的窗帘是传统中式风格的标配。而新中式的窗帘多为对称设计，帘头较简单，并会运用一些拼接方法和特殊剪裁。因此，可以选择仿丝材质的窗帘，为空间增添真丝的质感。此外，还可以运用金色、银色，以增添现代时尚的感觉，为家居空间带来华贵而大气的氛围。

木格栅刷白 ● 墙纸

木花格 ● 拼花木地板

石膏板吊顶暗藏灯带 ● 床头艺术壁画

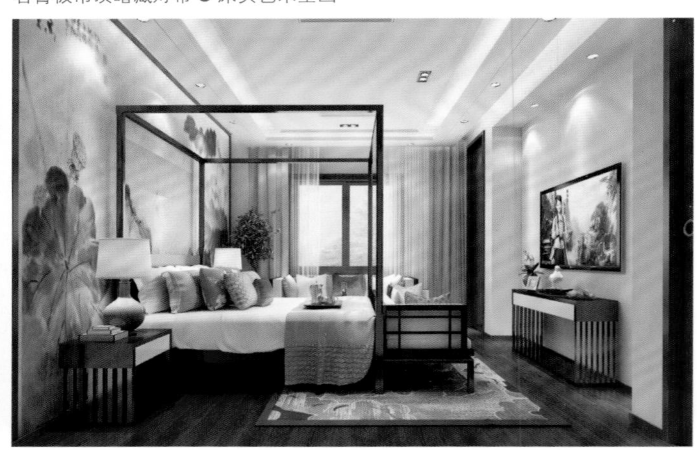

床头艺术壁画 ● 白色护墙板

床头布艺软包 ● 顶面木线条走边

如果在中式风格的卧室空间选择装饰挂画作为床头背景墙的装饰，应搭配色彩恰当的图案，以形成更好的装饰效果。如果卧室空间的面积比较小，最好不要选用色彩太过艳丽的装饰画，而应搭配清新素雅的色彩以及绘画内容，以营造深远辽阔的感觉。

Tips

画框对于挂画的装饰效果也有着举足轻重的作用。一般来说，如果浅色的墙面搭配深色的木质相框，不仅能让空间显得更有层次感，而且还起到了增强空间稳定感的作用。

装饰木梁 ⊕ 半墙隔断

艺术壁画 ⊕ 金属线条装饰框

床头皮质软包 ⊕ 木质装饰框

利用木质提升家居生活情趣

在现代都市的家居空间里，多运用一些木质元素作为空间搭配，不仅能达到软化空间的作用，而且还能让生活环境显得更加自然舒适，从而达到远离都市喧嚣，让生活回归舒适本质的效果。此外，木质元素的使用，还能充分地体现出人与自然在家居空间中的和谐交流，从而营造出悠闲、自然的生活情趣。

墙纸 ● 木质踢脚线 ● 拼花木地板

木饰面板 ● 床头布艺软包 ● 拼花木地板

装饰木梁 ● 墙纸 ● 床头布艺硬包

木饰面板 ● 床头皮质软包

设计 Design

床头柜是中式风格卧室空间必备的家具，而且其造型和色彩基本和床具保持一致。清晰的木纹和铜制的拉手营造出了执着的中式情怀。富有中式特色的床头柜油然而生的美，弥漫了整个卧室空间。

Tips

中式床头柜的拉手采用个性造型设计，简约而不简单，并且呈现出了中式风格设计的典范。需要注意的是，铜制拉手较易生锈，如果有液体沾染，应及时擦除。

床头布艺软包 ◆ 墙纸 ◆ 实木地板

石膏板吊顶 ◆ 金属线条走边

墙纸 ◆ 木线条装饰框

Decorate 装修课堂 classroom

木窗格提升新中式风格的传统美感

新中式风格的卧室空间常常会选择一些富有传统美感的元素作为家居装饰。不仅是出于对传统艺术的尊崇，更重要的是让经典的中式美学元素在家居空间得到传承。木窗格是新中式风格使用频率最高的装饰元素，不仅可以作为空间隔断、墙面硬装，还可以将木窗格进行再设计，为空间带来时尚的现代感。

石膏板吊顶 ● 床头布艺软包

木花格贴墙纸 ● 顶面实木线制作角花

木线条装饰框 ● 布艺硬包 ● 拼花木地板

木花格贴银镜 ● 杉木板吊顶

银镜 ● 床头布艺软包

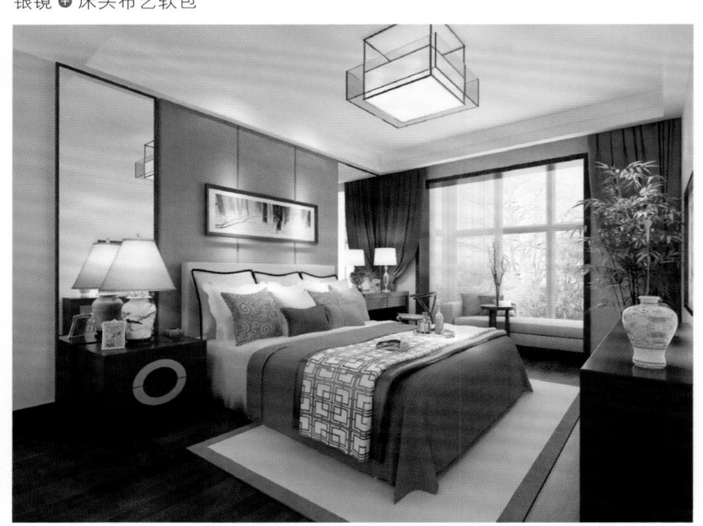

床头皮质硬包 ● 墙纸 ● 金属线条装饰框

床头布艺硬包 ● 装饰挂画 ● 拼花木地板

床头布艺硬包 ● 木质踢脚线 ● 实木地板

木花格 ● 床头布艺硬包

中式艺术墙纸 ⊕ 实木地板

木格栅 ⊕ 床头皮质软包

床头壁画 ⊕ 拼花木地板

设计 Design

让每一寸空间都发挥其应有的作用，是现代家居设计的原则。很多中式风格的卧室空间往往会有一些空置的角落空间。若喜欢读书，可以尝试将这个角落利用起来。一张桌子、一把椅子和一盏台灯就能在卧室的角落空间打造出一个小书房。

Tips

“谈笑有鸿儒，往来无白丁”。读书可以让人的精神世界更加丰富，而卧室中书房的设计，不仅不会影响卧室的功能使用，而且还完美地增添了卧室空间的儒雅气息。

墙纸 ● 金属线条

墙纸 ● 木线条装饰框

实木线制作角花 ● 墙布

Decorate
装修课堂
classroom

实木榻营造传统中式古韵

实木榻是富有中式特色的经典传统家具，属于卧具中的一种。实木榻的体形一般都较大，可分为无束腰和有束腰两种类型。有束腰且牙条中部较宽，曲线弧度较大的，因此又被称之为罗汉床。实木榻不仅传承了中国的古典文化，而且还延续了传统的榫卯制作工艺，呈现出独特的大气与典雅，为家居环境营造出了中式风格特有的古韵美感。

金属线条扣木饰面板 ⊕ 床头布艺硬包

木饰面板 ⊕ 床头壁画

布艺软包 ⊕ 木格栅

木饰面板 ⊕ 床头布艺软包

石膏板吊顶 ⊕ 墙布

茶镜 ⊕ 床头壁画 ⊕ 床尾满墙定制衣柜

Decorate 装修课堂 classroom

富有古典家具神韵的中国椅

中国椅是由丹麦设计师汉斯·瓦格纳所设计的。其设计是在运用新观念、新材料、新结构、新工艺的的基础上，对明式家具再设计的探索。“中国椅”保留了明式圈椅圆形扶手的传统元素，摒弃了圈椅的装饰以及鼓腿彭牙、踏脚枨等部件，并赋予它更多的国际化元素。为提高椅子的舒适性，瓦格纳把扶手最外端折了一下，设计成水平的，让其既有明清家具的造型风格特征和神韵，也更符合现代人的坐卧习惯。

木花格隔断 ⊕ 拼花木地板

木格栅 ⊕ 床头布艺硬包

灰色乳胶漆 ⊕ 木线条走边

Decorate 装修课堂 classroom

中式风格灯饰的搭配要点

中式风格的灯饰往往会在装饰细节上，注入传统的中式元素，以烘托家居空间的古典美感。例如，形如灯笼的落地灯、带花格灯罩的壁灯、陶瓷灯等，都是打造中式古典美的理想灯饰。此外，中式风格的陶瓷灯往往还会搭配花鸟图案的装饰元素，不仅美观而且寓意吉祥、质感温润，仿若一件艺术品般增添了家居空间的品质。

拼花木地板 ● 大理石波打线

床头布艺软包 ● 墙纸

木饰面板 ● 墙纸

大理石护墙板 ● 床头布艺硬包

墙纸 ● 床头皮质软包

墙纸 + 木线条装饰框

墙纸贴顶 + 装饰木梁

床头布艺硬包 + 装饰挂画

床头艺术壁画 + 木线条走边

床头布艺软包 + 雕花银镜

墙纸 + 实木地板

床头皮质软包 ⊕ 装饰挂镜

微晶石电视墙 ⊕ 拼花木地板

墙纸 ⊕ 木质装饰框

天顶山水画 ⊕ 墙纸 ⊕ 木线条装饰框

拼花木地板 ⊕ 大理石波打线

墙纸 ⊕ 木饰面板 ⊕ 床头布艺软包

Decorate 装修课堂 classroom

人字形地板为中式风格营造活泼氛围

在中式风格的家居地面选择实木地板“人”字形铺贴，使古典中式家具显得活泼起来。在选择实木地板时要注意不是地板材质越硬其品质就越好，而且硬度越大的安装难度也越大，变形系数也会随之增加。木地板在铺装前要保证地面平整，并洗刷地面的污垢，待干透后再进行安装。

木饰面板 ● 床头皮质软包

木花格贴银镜 ● 床头皮质软包

床头布艺软包 ● 装饰挂画

木质吊顶 ● 木格栅

木饰面板 ⊕ 床头布艺软包

墙纸贴顶 ⊕ 装饰木梁

墙纸 ⊕ 床头布艺软包 ⊕ 拼花木地板

床头布艺硬包 ⊕ 拼花木地板

金属线条扣木饰面板 ⊕ 墙纸

书房

HOME 禅意中式

宁静致远的中式书房装饰搭配

书房是家居空间中最具文化气息的区域，中式风格书房内的装饰画作宜雅而静，以营造轻松的阅读氛围，渲染宁静致远的中国文化意境。对于中式风格的书房空间来说，用书法、山水、风景内容的画作来装饰书房，通常是最佳的选择。也可以选择个人喜欢的装饰画，从而赋予书房空间更加个性的感觉。此外，书房装饰画在色调上应轻松而低调，以免打乱学习或工作时的思绪。

墙纸 ⊕ 留白装饰画 ⊕ 木质护墙板

木格栅隔断 ⊕ 实木地板

灰色乳胶漆 ⊕ 木质踢脚线

石膏板吊顶暗藏灯带 ⊕ 金属线条走边

墙纸 ⊕ 石膏板吊顶暗藏灯带

设计 Design

中式风格的书房古典而沉静，并于简约中流露着舒适感。书房里的家具和总体的空间设计显得现代而简约，而背景墙面则选择了带有花鸟图案的挂布作为装饰，带来了了极富古典韵味的装饰效果，从而在空间里实现了古典与现代的碰撞。

Tips

中式风格的书房空间使用端正大气、内敛含蓄的设计手法无疑是非常恰当的选择。简约沉稳的书桌和精美的装饰设计能让书房空间显得大方而精致。

设计 Design

本案的书房设计以体现实用性为主，因此在总体设计上充分地考虑到了简单的陈设布置、明亮充足的光线。为了达到更好的效果，书房空间在照明、配色、装饰品等方面都采取了极为恰当的搭配方式。

Tips

简单明了的书房设计，不仅能体现出书房空间的闲情逸致，而且能让人在工作或者学习的时候注意力更为集中，从而让中式风格的书房空间集优雅大方、实用舒适为一身。

传统文化对于中式家居的设计意义

在中式风格的装修里面，传统民族文化的运用是必不可少的。不仅在设计上讲究幽静、雅观，而且崇尚将民族风格和儒家思想的融合，因此不仅富有典雅的美感，同时也满足了中国人对于中国传统文化的痴迷与眷恋。

彩色乳胶漆 ● 木质踢脚线 ● 仿石材地砖

文化石背景墙 ● 仿古砖地面

木格栅喷金色漆 ● 拼花木地板

石膏浮雕 ● 大理石拼花地面

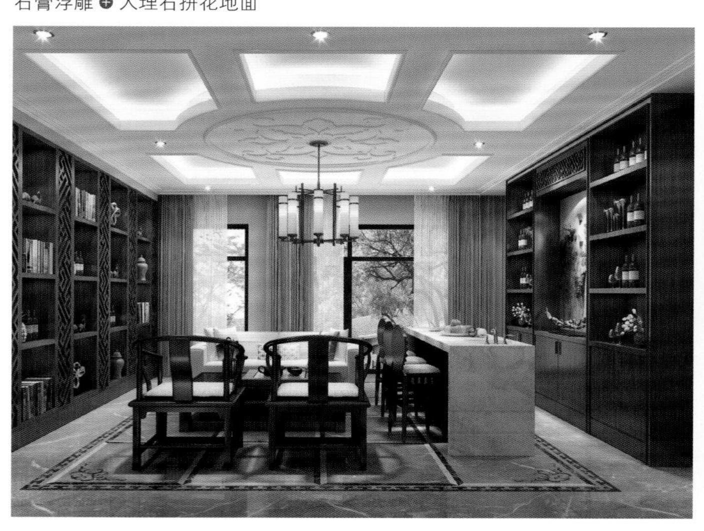

石膏板吊顶 ● 仿石材地砖

Tips

书房灯饰选择的第一条原则就是简单大方，由于一般家庭的书房面积不会很大，如果搭配体量过大、造型过于复杂的灯饰，容易给人带来压迫感，从而影响工作或者学习的效率。

设计 Design

书房的灯饰照明应亮度适中，光线过亮或过暗都会造成不利的影响。此外，灯光的色度要柔和、不闪烁，以减轻视觉负担。中式风格书房除了主灯的设置之外，还可以为书桌搭配一盏台灯，不仅能为学习工作时提供更好的照明，而且还能让书房空间显得更加大方时尚。

设计 Design

中式风格的书房家具除了必备书柜、书桌、椅子外，还可以搭配具有会客作用的沙发、茶几等家具。在家具材质上可以运用木质元素，让书房空间的书香气息更为浓郁，同时也彰显出了中式家居清新自然的魅力。

Tips

在中式风格的书房空间适当的配置一些绿色植物，既能消除书房空间的枯燥无味，而且还能增加生活情趣。在学习、工作疲劳时，改变一下视线方位欣赏绿植，即可在变换视野中让心情得到放松。

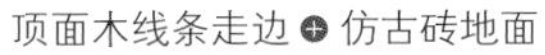

顶面木线条走边 ● 仿古砖地面

文房四宝呈现中式经典美感

文房四宝即笔、墨、纸、砚，是中国传统文化中的文书工具，文房四宝之名，起源于南北朝时期，其不仅有着书写的实用功能，而且对于家居空间来说，还是极具中式特色的装饰艺术品。如将其摆放在书房，可以完美的在家居空间里营造出中式传统文化的经典之美。

墙纸 ⊕ 装饰挂画 ⊕ 实木地板

木纹地砖 ⊕ 金属多宝格

定制书柜 ⊕ 玻化砖

墙纸贴顶 ⊕ 金属线条走边

灰色乳胶漆 ⊕ 大理石踢脚线

Tips

书房空间的东西不宜过多，能满足基本的使用需求就可以了。没有多余的物件摆设，能让整个空间看起来更大，同时在采光方面也会相对变得更好一些。

设计 Design

书房作为工作读书的空间，对照明和采光的要求很高。在过强和过弱的光线中学习工作，都会对视力产生很大的影响，因此写字台最好设立在光线充足但不直射的窗边。此外，写字台一般与窗户成直角而设，这样的自然光线角度较为适宜。

定制书柜 ⊕ 布艺硬包

木饰面板 ⊕ 大理石波打线

布艺软包 ⊕ 木线条装饰框

Decorate 装修课堂 classroom

书法墙纸彰显中华古典神韵

在中式风格的空间使用书法墙纸，能为家居空间营造文雅清高的氛围。流畅且富有中华古典艺术美感的书法线条，彰显了中华文化的神韵，浅墨清韵犹如清风拂过，倩影婆娑。曼妙的汉字字体，一笔一画地勾勒出了中式空间的气韵，并于字里行间透露出对生活的感慨。此外，还可以让梅、兰、竹、菊等饱含中式风韵的元素出现在书法墙纸上作为点缀，完美地体现出了中华文化的包容与丰富。

墙纸 ⊕ 大理石踢脚线

实木线制作角花 ⊕ 墙纸 ⊕ 实木地板

铜制中式鼓凳 ⊕ 布艺软包墙面

木花格隔断 ⊕ 墙纸 ⊕ 成品书架

墙纸 ⊕ 实木地板 ⊕ 满墙定制书柜

设计 Design

书法体现着中国文人墨客的清雅气质。隔绝尘世的纷扰，将书房空间打造成一处让人心静如水的净土。书法、文房四宝、书柜、书桌、书椅无不表达着国学底蕴的传承，并能让书房更有人文气息和复古情怀，轻松地凸显出了主人的格调品味，古典文艺范儿十足。

Tips

打造具有中式风范的书房空间，装饰部分往往起着点睛之笔的作用。将有着浓郁中国风的书法作品挂在书房的墙面上，更能增添空间里的艺术文化气息。

设计 Design

中国风格的家居非常重视书房空间的布置，并且讲究书房的高雅别致，常利用具有禅意的装饰与设计，营造出具有中式特色的文化氛围。虽然有精妙的设计，但崇尚的是宜简不宜繁的理念，并力求高雅绝俗的雅趣。

Tips

禅是中国古典文化中的理论精髓，因此可以在墙面上设计一些书法字画，来增添书房中的禅意。此外，还可以在边几上摆放一些绿色植物，增添书房空间的生机。

墙纸 ⊕ 拼花木地板

文化砖墙勾白缝 ⊕ 仿古砖地面 ⊕ 彩色乳胶漆

木饰面板 ⊕ 墙纸 ⊕ 装饰挂画

拼花木地板 ⊕ 大理石波打线 ⊕ 木纹地砖

设计 Design

在中式风格的书房空间中以白色作为整体配色，能给人一种冷静而富有智慧的感觉。白色既有高贵沉稳的特点，同时也有着明亮舒适的特性。任何让人烦恼的事情在白色的渲染下，都可以趋于平静。

Tips

白色能为书房空间带来低调的静谧感，像是混沌世界里的一股清流，带人冲破未知的迷途。以简约高雅的白色作为书房空间的主色调，简单且有创意。

设计 Design

中式风格的书房空间不仅能摆放书桌、椅子和书柜等功能性的家具，其装饰也是非常重要的。比如可以在书房内增添适量的绿植，不仅为空间增添了生命力，而且绿色对视力也有一定的保护作用。此外还可以净化空气，使人在学习和办公时更加舒适。

Tips

书房空间的绿植不宜过多地摆放，过多的植物会给人很压抑的感觉，因此摆放上一两盆即可。并且植物的种类也应以清醒简约的风格为主，以免分散工作学习时的注意力。

墙纸 ⊕ 花梨木地板

石膏板挂边 ⊕ 定制展示柜

水墨山水画装饰移门 ⊕ 玻璃隔断 ⊕ 实木地板

墙纸 ⊕ 木质踢脚线 ⊕ 实木地板

设计 Design

中式风格书房讲究情趣与环境，翰墨丹青，写诗绘画，追求“雪满山中高士卧，月明林下美人来”的境界。笔墨纸砚、古玩摆饰等通过富有禅意的空间组合，呈现出了清澈并富有诗情画意的安逸生活。

Tips

仿佛行走在古典画廊中，书画墨香，古典桌椅，花几玲珑，空间里的一切美得让人倾心。中式风格书房线条简约、雅致高贵、细腻温婉，蕴藏着一份博大旷古之美，营造出一种如闲云野鹤般的境界。

白色乳胶漆 ⊕ 木质踢脚线

艺术壁画 ⊕ 大理石波打线

藤编吊顶 ⊕ 中式雀替造型垭口

墙纸 ⊕ 装饰挂画

休闲区

HOME 合 禅意中式

中式茶席的布置技巧

中式风格的茶席以“空灵清净、彻见心性”的禅学为本，呈现出“一花一世界，一叶一菩提”的禅意之美，多采用花艺、茶壶、茶盏、茶罐、茶巾、装饰等多种元素来展现意境；在材质的选用上多为绵、麻、丝、竹、绸等，力求以自然之道诠释茶之本然，以及空、透、远的意境表达。中式茶席从茶器的选用到摆放茶席，无论简约潇洒，还是隆重华丽，都以高雅的情调丰富了现代人味觉飨宴之外的精神情趣。

彩色乳胶漆 ⊕ 仿石材地砖

木网格 ⊕ 仿石材地砖

质感漆墙面 ⊕ 木质踢脚线 ⊕ 仿古砖地面

茶室是中式风格中常见的休闲区。中式风格的茶室设计，不仅需要茶具、家具等基本元素的参与，而且要通过陈设、灯光、色彩以及装饰的搭配，来营造出跳脱于日常生活的意境。自然朴素的空间不仅有易于品茶时的思维沉淀，更呈现出了一种简单的生活意境。

Tips

茶文化在中国有着数千年的发展以及历史沉淀，不但融合了传统文化中的道德观、伦理观以及哲学等方面的精髓。随着现代文化的发展，茶文化更为贴合人们在生活中的需求，以茶室空间为载体表现出了家居文化的另一种韵味。

墙纸 ⊕ 木质踢脚线

大花白大理石地面 ⊕ 双层波打线

墙纸 ⊕ 大理石踢脚线

翡翠绿大理石墙面 ⊕ 大花白大理石吧台

杉木板吊顶暗藏灯带 ⊕ 文化石背景墙

墙纸 ⊕ 木线条走边

玻璃天窗 ⊕ 墙纸 ⊕ 实木地板

杉木板吊顶 ⊕ 木格栅

如果是户型面积较大的中式风格家居，可以考虑单独设计一个视听区，将家里的大部分娱乐都集中在这个单独的空间，这样在满足休闲娱乐需要的同时，也不会影响到家庭其他成员的生活。

如果视听区的墙壁过于光滑，声音就会在接触光滑的墙壁时产生回声，从而增加噪声的音量。因此，可以利用文化石等装修材料，将墙壁表面弄得粗糙一些，使声波产生多次折射，达到削弱噪声的效果。

石膏浮雕 ● 硅藻泥墙面 ● 仿古砖地面勾白缝

仿石材地砖斜铺 ● 大理石波打线

木花格隔断 ● 大理石踢脚线 ● 仿古砖地面

陶瓷艺术摆件展现中式风情

由于中式风格的陶瓷工艺品摆件通常制作精美，因此即便是较为近代的陶瓷工艺品也具有极高的收藏价值。在中式风格的家居里搭配陶瓷摆件，能完美地提升空间的艺术品质。例如，陶瓷鼓凳既可以替代单椅的功能，也具有很好的装饰作用。需要注意的是，陶瓷饰品在摆设的时候要应融合整体空间的装饰结构，以免在视觉上形成不谐调的感觉。

墙纸 ⊕ 大理石踢脚线 ⊕ 波打线

杉木板吊顶刷白 ⊕ 木饰面板 ⊕ 墙纸

砂岩浮雕砖 ⊕ 鹿头墙饰

石膏浮雕 ⊕ 仿石材地砖 ⊕ 花砖波打线

中式风格休闲区的墙面装饰趋于多元化，不仅可以采用常规的挂画、挂件作为装饰，还可以选择铺满整墙的墙画进行装点。大气磅礴的山水墙画，营造出了一览众山小的视觉感受。

墙画可以分为手工画与墙贴画两种，它们都是通过一个的材料介质来做画，然后再把完整的作品图案粘贴至墙上的一种艺术表现形式。作为建筑物的附属部分，墙画的装饰和美化功能使它成为了家居装饰艺术的重要组成部分。

草编坐垫 ⊕ 中式茶具

玻化砖 ⊕ 灰镜

木饰面板 ⊕ 大理石踢脚线

墙纸 ⊕ 大理石踢脚线

装饰木梁 ● 墙纸 ● 月洞造型背景墙

仿石材地砖 ● 双层大理石波打线

黑色木线条走边 ● 硅藻泥墙面

墙纸 ● 木质踢脚线 ● 木花格隔断

如果过道的面积较大，可以布置一些边柜或者休息椅之类的家具，形成一个小巧但功能齐全的休闲区。需要注意的是，过道是家居中走动最为频繁的区域，因此摆放的家具最好不要太大，以免影响过道的动线。

木地板上墙 ● 墙面搁板

玻化砖夹小黑砖斜铺 ● 大理石波打线

艺术浮雕背景墙 ● 仿石材地砖 ● 双层波打线

Tips

如果空间条件有限，可以选择体量小巧且造型简约的家具作为休闲区的搭配。不仅能为空间带来流畅感，也不会因为宽大笨重的造型给日常使用时造成不便。

衬托中式风格古朴高雅气质的多宝阁

多宝阁是最能体现中式风格古朴高雅气质的元素之一。多宝格的独特之处在于，将格内做出一个个横竖不等、高低不齐、错落参差的空间。可以根据每格的面积大小和高度，摆放大小不同的陈设品。多宝阁在视觉效果上打破了横竖连贯等极富规律性的格调，为中式风格的家居装饰开辟出了独具一格的空间意境。需要注意的是，多宝阁每个格子内的饰品分布不要太散，而应紧凑且富有层次，而且还要注意饰品颜色的相互协调。

竹编吊顶 ● 墙纸 ● 实木地板

木格栅隔断 ● 根雕茶几

石膏板装饰梁 ● 木质护墙板

米黄大理石墙面 ● 石膏板吊顶暗藏灯带

文化砖墙面勾白缝 ● 仿古砖地面 ● 中式雀替

Tips

中式风格的会客室设计简约而不简单，均衡而又平稳。整体空间的设计儒雅中贵气暗涌，身处其间，舒适而惬意。古典元素的运用，则让会客空间显得正式且充满悠闲感。

Design

如果户型面积条件允许，可以为中式风格的家居空间单独设立一个会客室，不仅分担了客厅的功能作用，而且更容易制造出会客时的闲情雅趣。以原木为材质的古典中式家具以及博古架，营造出了自然而又华贵的气息。

硅藻泥墙面 ⊕ 大理石踢脚线 ⊕ 仿古砖地面

顶面木线条装饰框 ⊕ 木饰面板 ⊕ 微晶石墙面

墙纸 ⊕ 木线条走边

木花格贴茶镜 ⊕ 地砖拼花 ⊕ 大理石波打线

实木线制作角花 ⊕ 墙纸 ⊕ 装饰挂盘

木格栅 ⊕ 木质顶面造型

石膏板吊顶暗藏灯带 ⊕ 木线条走边

布艺硬包吊顶 ⊕ 装饰木梁

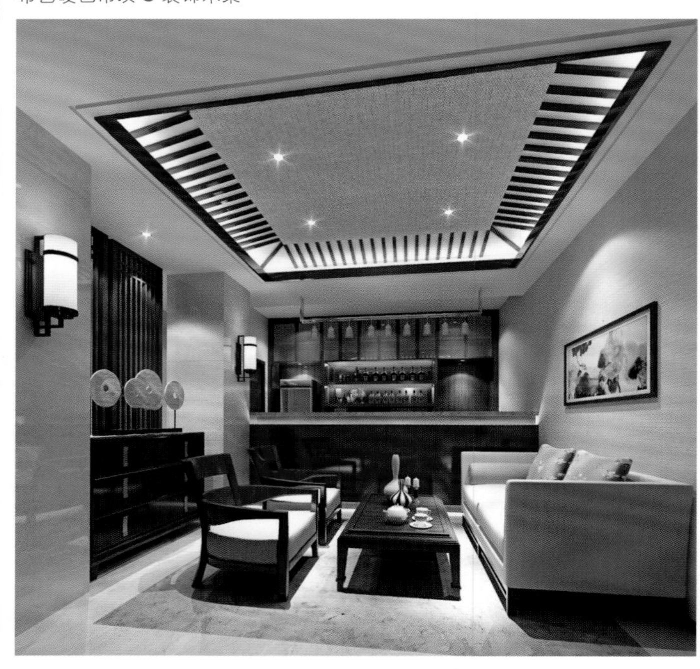

绳索造型吊顶 ⊕ 竹子装饰造型

餐厅

HOME 合 禅意中式

中式风格里的圆桌文化

中国人喜欢以家庭为单位制造出团圆的气氛。每逢节日，家人聚在圆桌用餐，其乐融融，所以在中国传统文化里，很少有用长桌吃饭的情况。圆是中国文化中非常重要的元素，天圆地方、圆洞门、圆桌等无处不在的圆形元素，表达了中国人对圆形的崇拜。圆桌的初衷是为了平等，大家都是同样的距离夹菜，且随着中国传统的哲学思想渗入其中，又赋予了圆桌更为深刻的内涵。

杉木板吊顶刷白 ⊕ 玻化砖地面

杉木板吊顶 ⊕ 墙纸

仿石材地砖 ⊕ 大理石波打线

大花白大理石地面 ⊕ 圆形波打线

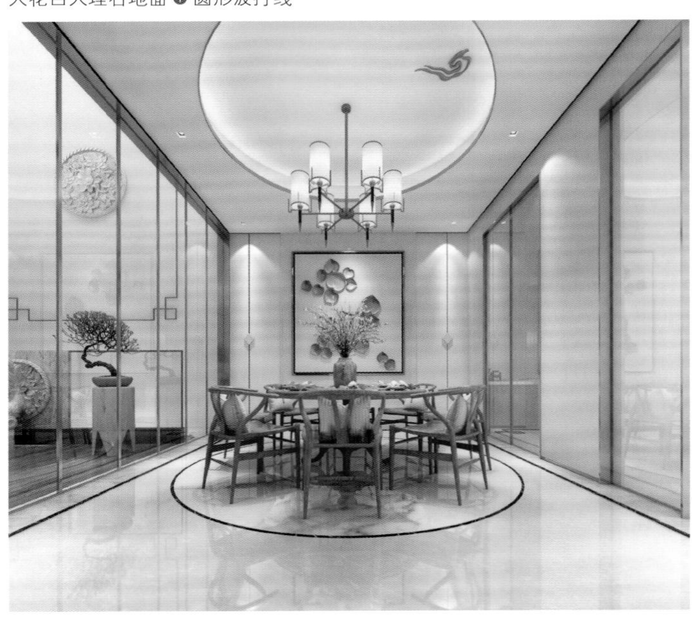

餐厅里的红木餐桌椅，呈现出了热烈的东方美。餐桌上的餐具与花艺都采用了清雅的色系搭配，并与玻璃高脚杯的透亮一同为空间注入独特的温馨与柔情。

Tips

在中式餐厅设计的色彩语言中，红色代表热情欢乐，在餐饮空间中用红色做主体色，可以避免空间的主基调走向晦涩阴沉的方向。

硅藻泥墙面 ● 木花格 ● 仿石材地砖

墙纸 ● 木线条装饰框

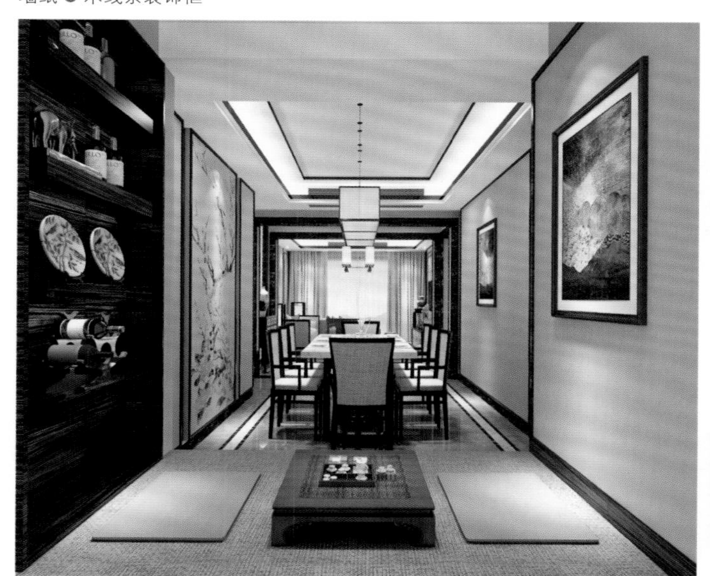

月洞造型 ● 亚光砖地面

Decorate 装修课堂 classroom

新中式风格餐桌摆设要领

新中式风格餐厅追求清雅端庄的空间气质，因此在餐具的选择上应避免过于浮夸，而以大气内敛为主。在餐具上可以搭配一些带有中式韵味的吉祥图案，以展现中国传统美学的精髓。如能搭配适量质感厚重的餐具，还可以让就餐空间显得古朴自然，清新稳重。此外，中式餐桌上还常用带有流苏的玉佩作为餐盘装饰，呈现出典雅精致的美感。

木花格 ⊕ 金箔贴顶 ⊕ 大理石踢脚线

彩色乳胶漆 ⊕ 木线条装饰框

仿石材地砖 ⊕ 回纹波打线

皮质硬包 ⊕ 嵌入式餐边柜

顶面木线条走边 ⊕ 墙纸 ⊕ 木纹地砖

墙纸 ⊕ 移门隔断

木线条走边 ⊕ 波打线

设计 Design

中式风格的餐厅空间，可以选择温馨厚实的圆形实木餐桌。圆润的造型符合中国传统团圆、圆满的喻意。此外，在款式上可以尽量厚重，以营造典雅庄重的空间品质。

Tips

圆形实木餐桌形如满月，象征一家老少团圆又亲密无间，大家围坐在一起不分彼此，气氛融洽而且聚拢人气，能够很好地烘托气氛。

新中式风格家具的特点

中式风格一般会选择搭配明清时期风格的家具，而新中式风格则可以搭配线条简练的明式家具。而且在材料上除了木质外，还常辅以使用玻璃、不锈钢等现代材料，因此总体上更贴近现代人日常生活的需求，同时也具有时尚典雅的视觉美感。新中式风格的客厅空间以柔软的沙发代替了以床榻为中心的传统尊位，加上木地板或瓷砖的铺设，让整个家居空间变得更为轻松闲适。

艺术壁画 ● 装饰挂盘 ● 大理石地面

金属线条扣木饰面板 ● 仿石材地砖 ● 大理石波打线

木花格隔断 ● 墙纸

墙纸 ● 大理石踢脚线 ● 拼花木地板

Tips

传统的中式餐桌给人以古朴的印象，但新中式风格的餐桌在设计上不仅保留了传统的中式美学理念，而且还吸收了现代元素及设计，让中式风格的餐厅空间更具时尚气息。

设计 Design

端庄的餐桌椅，时尚且富有设计感。线条优美的蓝色餐椅，带来了舒适的视觉体验。结合餐桌上儒雅美观的装饰摆设，让餐厅空间更具新中式风格的格调与气息。

石膏板吊顶 ● 仿石材地砖

装饰木梁 ● 布艺软包墙面 ● 中式窗花

木花格隔断 ⊕ 石膏板装饰梁 ⊕ 木线条装饰框

木饰面板 ⊕ 大理石踢脚线 ⊕ 拼花木地板

墙纸 ⊕ 金属线条装饰框 ⊕ 木质踢脚线

墙纸 ⊕ 金属线条装饰框 ⊕ 大花白大理石地面

花鸟图案背景墙 ⊕ 中式雀替

传统中式风格的餐桌不需要搭配西式的烛台，细腻的瓷质餐具就可以使餐桌显得高贵而大方。如果觉得同一款式、质地的餐具会使餐桌的风格略显单调，则可以在餐桌上搭配适当的装饰元素，以丰富餐厅的空间视觉。

仿石材地砖 ⊕ 双层波打线 ⊕ 木花格隔断

木线条走边 ⊕ 玻璃移门隔断 ⊕ 实木地板

石膏板吊顶暗藏灯带 ⊕ 木线条走边

木质家具传承中式古典韵味

木质家具是中式风格家居中最为常见的空间元素。古典优雅的木质家具，不仅能让空间散发出典雅而清新的魅力，而且以其独特的品质、自然原木的色泽以及细致精巧的做工，再加上伴随着岁月流逝的触感，完美地让传统中式的古典韵味在家居空间中得到传承。

圆形石膏板吊顶 ⊕ 木纹地砖

布艺硬包 ⊕ 金属线条装饰框 ⊕ 艺术吊灯

木花格背景墙 ⊕ 留白艺术装饰画

仿石材地砖 ● 大理石波打线

顶面木线条走边 ● 亚光砖地面 ● 实木踏步

墙纸 ● 木质装饰框

设计 Design

餐厅是一家人相聚在一起享受美味佳肴的空间，选择大方美观的餐桌椅有利于营造家居空间的温馨氛围。传统的中式餐桌椅一般由纯实木制作而成，不仅极富古典韵味，而且还透露着自然淳朴的气息。

Tips

随着时代的进步以及为了迎合现代人的审美观念，传统实木餐桌椅也在进行着变革。不但在造型上更具现代感，同时在功能上也日趋完善和人性化，从而使其与现代流行的家居元素也能相互映衬融合。

庄重雅致的中式风格饰品搭配

中式风格有着庄重雅致的空间气韵，而且在饰品的选择和陈设上也延续了这种手法，因此极具内涵与精致的感觉。饰品在摆放位置上，通常会选择对称或并列的形式，或者按大小的不同摆放出层次感，以达到空间的协调统一。此外，中式风格注重装饰设计的留白，而且会在局部点缀一些提亮空间的装饰元素，以塑造典雅而富有灵气的家居氛围。

木纹地砖 ⊕ 大理石波打线

拼花地砖 ⊕ 大理石波打线 ⊕ 嵌入式展示柜

金箔贴顶 ⊕ 木纹地砖 ⊕ 回纹波打线

木花格贴茶镜 ⊕ 墙纸 ⊕ 金属线条装饰框

设计 Design

在中式风格的餐厅背景采用镜面和木饰面作为搭配，使整个餐厅空间显得稳重且又带有一点活泼的感觉。此外，镜面的反射作用不仅延伸了整体空间的视觉，而且还提升了餐厅的采光。

Tips

利用镜面和木饰面结合设计，在施工中要注意充分考虑镜子和木饰面板的厚度。此外，镜子最好要比木饰面板凹进 1mm 左右，这样的收口会显得比较美观。

石膏浮雕 ● 墙纸 ● 拼花地砖

彩色乳胶漆 ● 仿石材地砖

墙纸 ● 木线条装饰框 ● 大理石踢脚线

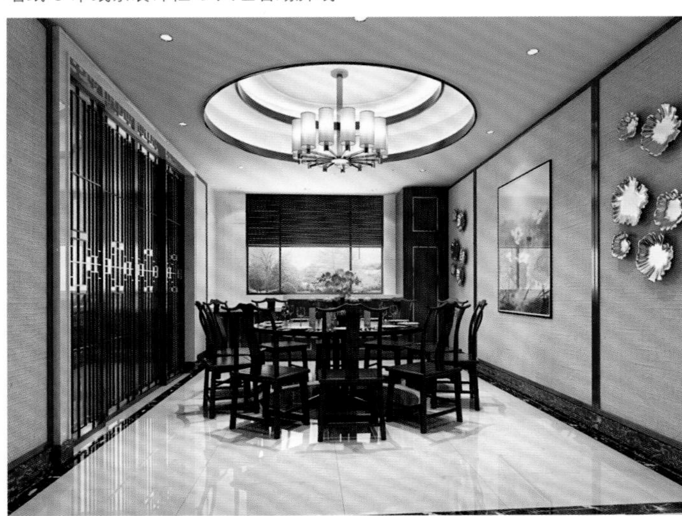

拼花地砖 ⊕ 大理石踢脚线

木饰面板 ⊕ 金属线条装饰框 ⊕ 波打线

石膏板吊顶 ⊕ 木线条走边 ⊕ 马赛克波打线

大理石地面 ⊕ 多层波打线

空间里的餐桌椅有着明清时期的气韵，但又不是完全意义上的明清复古，而是通过中式风格的特征，表达出了对清雅含蓄、端庄丰华的追求，并且融合了庄重与优雅的双重气质。

仿石材地砖斜铺 ⊕ 大理石波打线

木格栅贴银镜 ⊕ 大理石波打线

Tips

中式风格的餐桌一般可分为长桌、方桌、圆桌等，一般以木质为主，造型稳重端庄，做工细致，装饰考究。由于餐桌是餐厅空间的视觉焦点，因此最好选择上好的硬木制作。

石膏板吊顶嵌金属线条 ⊕ 波打线

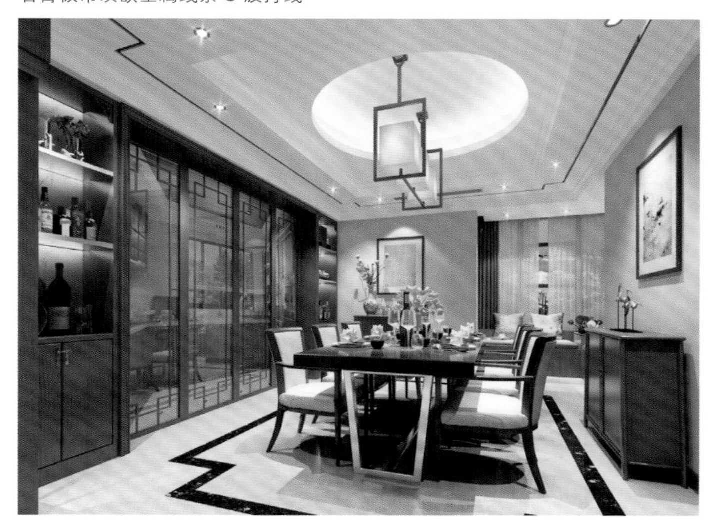

Decorate 装修课堂 classroom

书法装饰增添家居文化气息

书法是我国传统文化的精髓，亦是中华艺术的瑰宝。中国人自古就有着浓厚的文人情结，因此常将书法作品视为高雅的艺术品，运用于家居墙面的装饰上。在家中装饰书法作品，不仅能体现出主人的品位、志趣和学识，而且其华美四溢的书法字体，在很大程度上增加了家居环境的传统文化气息。

石膏板装饰梁 ⊕ 拼花地砖

墙纸 ⊕ 照片墙

木线条走边 ⊕ 布艺硬包墙面

木花格 ⊕ 艺术壁画 ⊕ 实木护墙板

设计 Design

餐厅装修以木色、白色为主色调，奠定了大气自然的空间格调。圆形吊顶、圆形餐桌、圆形餐椅彼此相互呼应，增强了空间的立体感与完整感。华美优雅的新中式吊灯，不仅降低了空间的高度感，而且也增加了用餐环境的灵动感。

Tips

在中式风格的餐厅空间使用吊灯，不仅继承了中式传统的神韵，而且具备了现代风格的设计感。将传统元素与现代设计手法巧妙融合，体现出了中国传统文化的包容性与生命力。

拼花木地板 ⊕ 大理石波打线

石膏板吊顶 ⊕ 大理石波打线

木线条装饰框 ⊕ 艺术壁画

多层吊顶 ⊕ 拼花地砖

Decorate 装修课堂 classroom

万字纹赋予中式风格空间美好寓意

万字纹即形为“卍”字形的纹饰，是中国传统的装饰纹样。“卍”字在梵文中被意为吉祥之所集，有坚固、永恒、吉祥的美好寓意。将“卍”字四端向外延伸，又可演化成各种锦纹，这种连锁花纹常用来寓意绵长不断和万福万寿不断头之意，因此也被称之为万寿锦。万字纹一般用于中式风格家居中的隔断、窗格、装饰壁挂、家具等设计上，尤其是在明清时代风格的家具，万字纹饰的运用尤为常见。

仿石材地砖 ● 大理石波打线

玻化砖地面 ● 大理石波打线

金属线条扣木饰面板 ● 木格栅隔断

多层石膏板吊顶 ● 木线条走边 ● 回纹波打线

墙纸 ● 照片墙

设计 Design

在相对独立且静谧的中式风格餐厅空间里，可以利用灯具落差的变化，达到调节气氛的作用，同时也打破了常规的设计手法，营造出时尚而颠覆传统的新中式餐厅格调。

Tips

餐厅灯饰在空间面积允许的情况下，最好放置在餐厅的正中间，并应与餐桌形成造型或配色上的呼应，从而营造出大气统一的空间感。

墙纸 ● 木质踢脚线

亚光砖地面 ● 多层波打线

装饰木梁 ● 大理石地面 ● 波打线

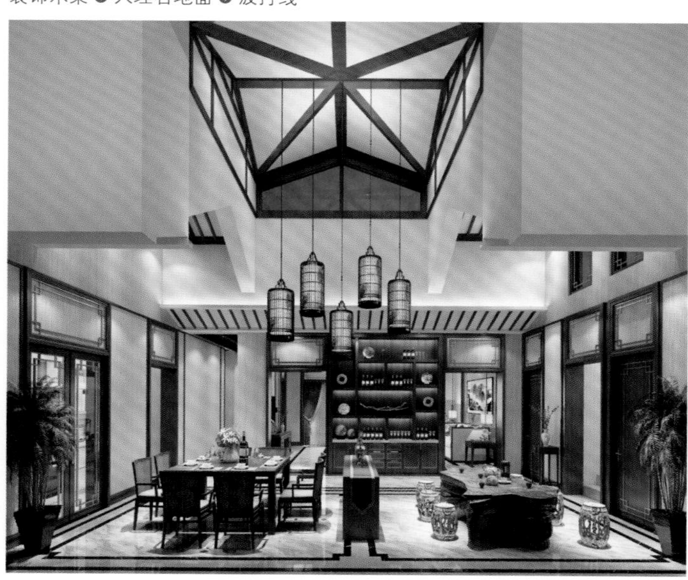

木线条走边 ● 仿石材墙砖 ● 波打线

玻化砖斜铺地面 ● 大理石波打线

壁画 ● 大理石护墙板

餐厅里的中式家具、木格装饰以及墙面上的书法挂饰等，完美地烘托出了中国传统美。餐桌上优雅简朴的吊灯，与古典家具的摆放互为映衬。此外，在装饰材料、装饰色彩、陈设等方面体现出了餐厅设计的文化性以及灵活性，体现出了中式风格大气磅礴、内置万千的独特气质。

Tips

中式餐厅的设计本身是以品尝美味的中国菜肴，领略中华传统文化和民俗为目的，因此在环境的整体风格上，应追求中华文化的精髓。在餐厅装饰风格以及家具与餐具、灯饰与工艺品等方面都应围绕中国文化与民俗展开设计与构思。

木线条走边 ● 拼花地砖

木线条走边 ● 玻化砖地面

浅啡网纹大理石 ● 茶镜 ● 双层波打线

回纹线条赋予空间美好寓意

回纹是中式风格中非常具有代表性的装饰图案，有着富贵不断头的吉祥寓意。在中式风格的空间里，常常会选择使用回纹纹样的实木线条作为装饰，不仅能使家居空间更具古典文化的韵味，而且回纹线条其对称均衡的构图也为家居空间带来了四平八稳、和和美美的美好寓意。

木饰面板 ⊕ 壁画

玻化砖斜铺 ⊕ 大理石波打线

木质吊顶 ⊕ 回纹波打线

石膏板吊顶 ⊕ 酒柜隔断

玻化砖斜铺 ⊕ 双层波打线

木质吊顶 ● 墙纸 ● 万字纹雕花背景

木饰面板 ● 布艺硬包

木线条走边 ● 灰色乳胶漆

实木雕花顶面 ● 大理石波打线

栅格营造温润的中式风格空间

中式风格的家居空间常用木格栅作为隔断划分空间，相对于传统的屏风而言，木格栅更具通透效果，在光与影的变幻交错间，中式禅意的韵味缓缓涌现。此外，木格栅还是非常好的墙面装饰，其装饰效果带给人以回归自然的家居体验，并为中式风格的空间增添了视觉上的美感享受。

墙纸 ⊕ 木线条装饰框

木花格吊顶 ⊕ 拼花地砖

仿石材地砖 ⊕ 大理石波打线

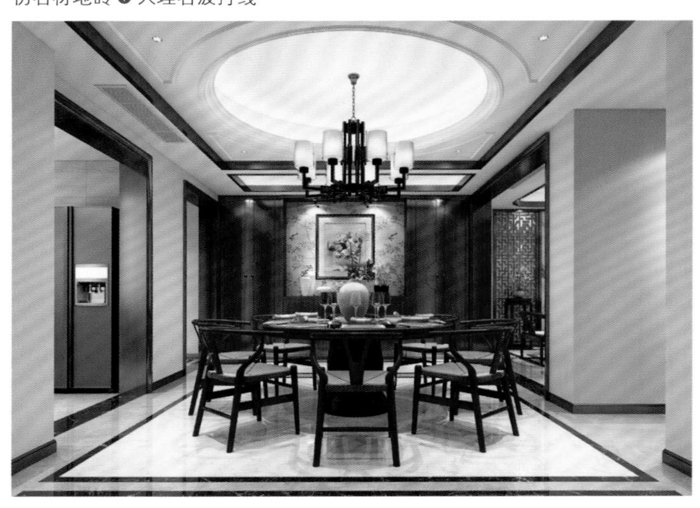

灰色乳胶漆 ⊕ 大理石踢脚线 ⊕ 木纹地砖

厨卫

HOME 合 禅意中式

中式风格中的点缀色搭配法则

在中式风格中，当整个硬装的色调比较简素或者比较深的时候，在软装上可以考虑用亮一点的颜色来提亮整个空间。点缀色有醒目、跳跃的特点，在中式风格中点缀色的使用位置要恰当，避免形成画蛇添足的后果。另外在面积上也要恰到好处，如果面积太大会造成喧宾夺主的感觉，面积太小则达不到应有的装饰效果。

仿古砖墙面 ⊕ 大理石地面

马赛克拼花 ⊕ 玻璃隔断 ⊕ 亚光砖地面

透光云石 ⊕ 仿古砖地面

木花格贴金色镜面 ⊕ 仿古砖地面

木花格隔断 ⊕ 仿石材墙砖

玻璃隔断 ⊕ 仿石材地砖

灰色文化砖墙面 ⊕ 大理石盥洗台

设计讲堂 Design

新中式风格卫浴间的配色通常采用相同或较为接近较多，强调统一性和融合感。如需采用对比配色时，必须控制好使用的面积，应以少量点缀为宜，以免造成喧宾夺主的观感。

Tips

新中式风格的卫浴间宜使用淡雅并具有清洁感的颜色。除了白色以外，还可以采用冷色系里的淡紫、淡蓝、淡青、淡绿等颜色，冷色系的搭配能让卫浴间显得更为洁净时尚。

仿古砖墙面勾白缝 ● 拼花地砖

Decorate
装修课堂
classroom

有着悠远气质与防滑作用的仿古地砖

由于仿古地砖表面经过打磨而形成的不规则边，有着经岁月侵蚀的模样，呈现出质朴的历史感和自然气息，不仅装饰感强，而且突破了瓷砖脚感不如木地板的刻板印象。仿古地砖有着独特的古典韵味，并能完美地展现出中国历史的厚重与悠远。在中式风格的地面铺贴仿古地砖，能营造出独具一格怀旧氛围，更是在不经意间显现出了新中式家居的格调与品位。此外，仿古砖不仅经久耐用，而且防滑性能好，因此十分适合铺贴在厨房、卫生间等区域。

石膏板吊顶暗藏灯带 ● 洞石墙面

仿石材墙砖 ● 装饰挂画

仿石材地砖 ● 玻璃隔断

大理石雕花 ● 石膏板吊顶勾黑缝

设计 Design

把卫浴间设计成干湿分离，是很多人所青睐的设计手法，由于涉及湿度以及防水的问题，建议不要使用普通的纯实木地板，防止后期发生发霉腐烂等情况。可以考虑或者使用瓷砖或者经过防水处理的木地板进行铺贴。

Tips

淋浴区是卫浴间中的湿区，因此淋浴区的防水工作要做好，不要让过多的水溢到整个卫浴间，甚至溢到隔壁空间，因此淋浴区一定要安做好隔断处理，而且要有分区的地漏。

仿石材墙砖 ⊕ 玻璃隔断

大花白大理石墙面 ⊕ 艺术吊灯

马赛克背景墙 ⊕ 大理石地面 ⊕ 波打线

洞石 ◆ 双层波打线

玻璃隔断 ◆ 木格栅 ◆ 仿石材墙砖

设计讲解 Design

想真正体现新中式风格装修的韵味，就要在装饰细节上下工夫，比如卫浴间内的饰品搭配。虽然不需要设置过多的饰品，但点缀适量能代表中式风格的物件，能让空间的装饰主题更为强烈。背景墙上富有中式特色的壁挂，瞬间点燃了空间里的古典气韵。

Tips

有不少人认为卫浴间只是作为洗漱和方便之用，因此不重视卫浴间的装修。其实这个认识是比较片面的，如果能把卫浴间装饰得美观又实用，可以大大提升家居生活的品质。

设计 Design

在中式卫浴间装修设计中，或多或少会融入中式设计元素。比如具有中式特色的收纳柜、中式古典风格的装饰画等，完美地营造出了古典端庄的空间气质。

Tips

传统中式的装修风格设计融合着庄重和优雅的双重品质，即使是其卫浴间装饰装修也十分讲究古典美感与优雅气质。此外还可以在装修过程中融合现代化的材质打造成美观实用兼并的功能空间。

木格栅 ✚ 玻璃隔断

装饰木梁 ✚ 墙纸贴顶 ✚ 大理石拼花

木纹墙砖 ✚ 仿石材地砖

在新中式风格的卫浴间里，如能以不同颜色的瓷砖进行混合搭配，往往能够制造出令人耳目一新的感觉。瓷砖颜色以黑白对比撞色的效果进行搭配，或以渐变色的形式进行表现，都能带给人不一样的视觉体验。

Tips

撞色一般指对比色搭配，应用在室内色彩搭配中时，可以营造出强烈的视觉冲击感。并且还能让传统的中式风格空间也富有时尚前卫的气息。

文化砖墙面 ⊕ 仿古砖地面

木花格 ⊕ 仿古砖地面

浴室是最容易发生意外的地方，常常会因为水汽而造成地面湿滑，如果跌倒或者磕碰都可能会带来严重的后果。可以考虑在淋浴区的地面采用小块砖铺贴，不仅能起到非常不错的防滑作用，而且还有着一定的装饰效果。

Tips

浴室地面防滑的方式不是很多，防滑垫、防滑地毯、防滑网等在使用一段时间后往往会被脏水、洗澡水弄脏，从而导致防滑效果大打折扣，而且后期清洗也麻烦。

石膏板吊顶勾黑缝 ⊕ 防水墙纸 ⊕ 仿石材墙砖

木纹墙砖 ⊕ 实木地板

金属置物架 ⊕ 石膏板吊顶 ⊕ 仿石材墙面

墙纸 ⊕ 大理石踢脚线 ⊕ 仿古砖地面勾白缝

多层石膏板吊顶 ⊕ 仿石材墙砖 ⊕ 玻璃隔断

木纹墙砖 ⊕ 木花格

文化砖墙面 ⊕ 仿石材地砖